新疆特色林果主要有害生物

防治手册

新疆林业有害生物防治检疫总站 编

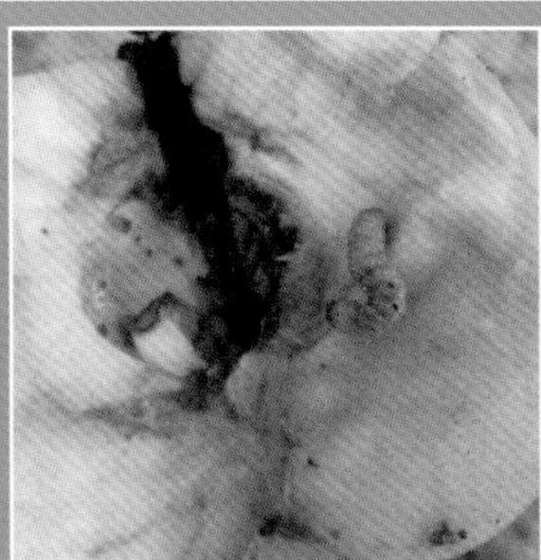

中国林业出版社

图书在版编目（CIP）数据

新疆特色林果主要有害生物防治手册/新疆林业有害生物防治检疫总站编.
－北京：中国林业出版社, 2009.12

ISBN 978-7-5038-5764-5

Ⅰ.①新… Ⅱ.①新… Ⅲ.①森林害虫－防治－手册②果树害虫－防治－手册 Ⅳ.①S763.3-62 ②S436.6-62

中国版本图书馆CIP数据核字(2009)第241881号

出　版：中国林业出版社（100009 北京西城区德内大街刘海胡同7号）

网　址：www.cfph.com.cn

E-mail：cfphz@public.bta.net.cn 电话：83223789

发　行：中国林业出版社

印　刷：北京嘉彩印刷有限公司

版　次：2009年12月第1版

印　次：2009年12月第1次

开　本：889mm×1194mm 1/16

印　张：9

字　数：230千字

定　价：78.00元

编 委 会

主　　编： 英　胜

副 主 编： 陈　梦　李　宏

编写人员： 陈　梦　苏虎奎　胡　茵　罗万杰
孟祥永　王爱静　阿地力·沙塔尔
时　磊　吴天虹　王玉兰
伊拉木江·达吾提　安尼瓦尔
魏　涛　苏延乐

审稿人员： 施登明　赵震宇　王爱静　孟祥永
苏虎奎

图片提供人员： 施登明　时　磊　刘爱华　杨　森
阿力木　阿地力·沙塔尔　达玛西
伊米提　于江南　赵　莉　蒋　平
苏虎奎　叶尔兰　李　宏

前言

林果业是新疆优势突出、特色鲜明、市场前景广阔的产业。自治区党委、自治区人民政府高度重视林果产业，坚持把发展特色林果业作为实施优势资源转换战略的一项重要内容，持之以恒，大力推进，实现了林果基地规模的快速扩张。进入21世纪以来，各地立足实际，坚持以市场为导向，以基地建设为抓手，以科技创新为动力，以农业增效、农民增收、农村发展为核心，进一步加大结构调整力度，不断加快传统林果业向现代林果业转变，全区特色林果业发生了前所未有的变化，规模、质量和效益呈现出喜人景象。林果业在农村经济发展中的地位逐渐突出，对农民的增收作用日益显著。

但是，随着林果面积扩大、规模集中，林果有害生物的蔓延速度和危害程度也在不断加大，低温冻害和大风沙尘等自然灾害也给林果业健康发展带来严峻挑战，而林果有害生物的危害已经成为“三大危害”的重中之重，成为制约新疆现代林果业健康发展的突出问题。2009年，全区林果有害生物发生面积为35.2万公顷。林果有害生物的危害，影响了果树正常生长，造成果品品质、产量下降，严重的甚至造成果园绝收，成为林果业健康发展的巨大隐患。

目前，在林果有害生物防治过程中，仍存在对各种先进的防治技术掌握不够、违禁用药、过量用药、盲目用药、单一化学防治的现象，不仅影响了防治效果，增加了防治成本，而且极易造成果品及环境污染。在人们越来越关注生态环境和食品安全的今天，从源头抓好有害生物防治工作，推进无公害、绿色果品、有机果品生产，以提高新疆果品竞争力，显得更加紧迫与突出。因此必须大力推进无公害防治和生物防治，积极推广科技新产品，加大技术培训力度，提高行业人员和林农的无公害防治意识，不断提高无公害防治能力。

Foreword

为了认真贯彻科学发展观，深入落实自治区党委、自治区人民政府《关于加快特色林果业发展的意见》和《关于进一步提高特色林果业综合生产能力的意见》，贯彻执行《新疆维吾尔自治区特色林果业灾害综合防控体系建设规划纲要》，加强林果有害生物防控体系建设，指导和规范林果有害生物防治方法，提高特色林果业抵御灾害的能力，新疆林业有害生物防治检疫总站特组织有关专家编写了本书。

本书系统、全面地介绍了新疆特色林果主要有害生物的发生危害规律及防治方法。全书共分五章。第一章林果有害生物基础知识，主要介绍了虫害、病害基础知识和主要防治措施；第二章特色林果主要虫害防治方法，介绍了11种食叶害虫及叶螨、16种枝梢害虫、7种蛀果害虫和5种蛀干害虫的危害及防治方法；第三章特色林果主要病害防治方法，介绍了3种叶部病害、5种枝干病害、2种根部病害和3种果实病害的危害及防治方法；第四章特色林果主要鼠兔害防治方法，介绍了2种害鼠和2种害兔的危害及防治方法；第五章果园常用药剂药械，介绍了农药的基本知识、果园常用药剂和常用药械的使用。本书附录了所介绍的病、虫、鼠、兔害的彩色图片，供广大读者识别。

本书在编写过程中得到了新疆农业大学、新疆林科院、新疆农科院等单位及新疆科技厅“环塔里木盆地特色果树主要病虫害防控技术集成与示范”课题组的有关专家、技术人员的大力支持，在此一并致谢！

本书适合林果业有害生物防治专业技术人员和广大果农使用，也适用于林业科学研究人员和林学、园艺学专业学生参考。

由于水平有限，加之时间仓促，错误和疏漏之处在所难免，恳请读者和同行批评指正，以期再版时修订和完善。

新疆林业有害生物防治检疫总站

2009年12月

目录

Contents

第一章　林果有害生物基础知识

林果有害生物是指在一定条件下，对林果业生产、安全造成危害，导致林木、果树、种子、苗木、果实等受到重大损害的林果病原微生物（病原细菌、病毒、类病毒、类菌质体、真菌等），有害昆虫，有害植物，有害鼠、兔、螨类及其他有害生物。

林果有害生物会导致林果植株受害、产量减少、品质降低，威胁林果产业的生产、安全。

第一节　虫害基础知识

地球上已记载的现存生物有200余万种。为了更好地研究和认识它们，根据其血缘关系的亲疏、形态特征的异同分成界、门、纲、目、科、属、种。昆虫属于动物界、节肢动物门、昆虫纲。昆虫是地球上种类和数量最多的一个群体。全世界现已记录的昆虫约115万种，据估计栖息在地球上的昆虫总数可达500万种。昆虫中约有半数种类是植食性的，它们均可以通过取食、在寄主组织内产卵、传播植物病害、危害后造成植物病原菌感染等，对各种植物造成伤害，造成经济损失，也就是通常所说的虫害。危害林果的害虫称为林果害虫。

（一）昆虫外部识别特征

昆虫纲共同的特征是：身体表面具有含几丁质的外骨骼，体躯及附肢由若干个环节组成，体躯可明显地区分为头、胸、腹3个体段，一般具6足4翅，一生中要经过一系列的外部形态和内部器官的变化，即变态。每种昆虫的形态特征各不相同，不同的发育阶段的形态特征也不一样。在林果有害生物防治工作中，可根据这些不同的形态特征来识别各种害虫。

1. 成虫

成虫的身体分成头部、胸部和腹部3体段，头部具有口器和1对触角，一般有复眼1对，1～3个背单眼。胸部分为3节，称为前胸、中胸和后胸。每节着生胸足1对，分别称为前足、中足和后足。一般有2对翅，着生于中胸和后胸上，分别称为前翅和后翅。腹部一般由10～11个体节组成，1～8腹节两侧常具气门1对，为气管的开口。腹部末端有外生殖器，雌虫8、9腹节的附肢演化成产卵器，雄虫第9节的附肢演化成交配器官，有的还有1对尾须。

(1) 触角　大多数昆虫头部都有触角1对。触角是昆虫的感觉器官，位于额的两侧，在两个复眼之间或下方的触角窝中。触角是昆虫觅食、求偶、避敌等生命活动的重要感觉器官。触角由多个可以活动的环节组成，基部第一节称为柄节，第二节称为梗节，第三节以上的统称鞭节。有的种类雌雄触角不一样，雄虫的触角通常比雌虫的发达。常见的触角有丝状、球杆状、羽状、栉齿状、膝状、念珠状、鳃片状等。所以，触角的形状不仅是昆虫分类的特征，也是区别雌雄的标志。

(2) 口器 口器是昆虫的取食器官，是由上唇、舌、上颚、下颚和下唇组成。由于食物的来源及种类不一样，所以昆虫的取食方式和口器外形、构造上有各种特化和类型。最常见的有咀嚼式口器，如金龟子、天牛和鳞翅目的幼虫，如春尺蠖、梦尼夜蛾等，这类害虫可以啃食植物的组织、器官，如把枝干蛀成隧道，把根、茎咬断，把植物的叶片咬成缺刻、孔洞或筛状，甚至把叶全部吃光；蝽象、蚜虫、蚧类等具有刺吸式口器，这类害虫将口器刺入植物的组织内吸取汁液，造成寄主斑点、变形、变色等；蝶、蛾类成虫是虹吸式口器；蝇类幼虫是刮吸式口器。口器种类不同，防治上用药应有所选择，如刺吸式口器昆虫，防治时应注意选用内吸剂，而对咀嚼式口器的昆虫则可选用胃毒剂。但近代农药多具有触杀、胃毒、内吸等多种作用，可不受口器构造的限制。

(3) 足 足是昆虫的行动器官，着生于胸部每节两侧下方。构造从基部起依次为基节、转节、腿节、胫节、跗节和前跗节。跗节又可分为2～5个小节。各种昆虫生活环境和生活方式不同，足的功能发生相应的变化，最常见的有天牛的步行足、蝗虫的跳跃足、蝼蛄的开掘足、螳螂的捕捉足等。

(4) 翅 翅是昆虫的飞行器官，着生在中胸和后胸背板上，外形为狭长或三角形扁平膜质薄片，薄片为双层构造，中间有脉纹，内有中空的角质管，起骨架与支撑作用，称为翅脉。翅脉的分布形式和数量是昆虫重要的分类依据之一。翅的三角形的3个边称为前缘、外缘和内缘；3个边的夹角称为肩角、顶角和臀角。蛾类的翅通常有不同的颜色和鳞片组成的斑纹，称为线或纹。根据翅的质地不同，翅可以区分为不同的类型。翅膜质透明，称为膜翅；翅为膜质，但翅面上附有许多鳞片，称鳞翅；翅为革质，半透明，翅脉依然存在，称为覆翅或革翅；翅全部骨化，无翅脉，称为鞘翅；翅的基半部骨化，端半部仍为膜质，称为半鞘翅。还有的翅特化为很小的平衡棒构造，在飞行中起平衡身体的作用，称平衡棒，如蚊、蝇类昆虫的后翅。

(5) 外生殖器 外生殖器是昆虫用以交配、产卵的器官，雄虫称为交配器，雌虫称为产卵器。外生殖器构造比较复杂，在各类昆虫中变化较大，有很大的特异性，因而是昆虫分类的重要鉴定特征。

2. 卵

卵是一个大型的细胞，是昆虫第一个发育阶段。卵的大小，一般与昆虫身体的大小有关。卵通常较小，形状繁多，通常呈长卵形或肾形，还有桶形、纺锤形、球形、半球形、扁圆形、圆形等。卵表面的脊纹和网纹、卵的色泽，可以帮助人们识别不同的昆虫。

各种昆虫都有一定的产卵方式和场所，如蓑蛾卵产在虫囊内，刺蛾卵产在叶片上，一些天牛卵产在植物组织中，寄生蜂卵产在寄主体内。

3. 幼虫

昆虫的幼虫通常也分头、胸、腹3部分。头部较坚硬，有单眼、触角及口器。幼虫的单眼为侧单眼，一般有1～6对，多的可达7对。触角很短，高等双翅目和膜翅目幼虫的触角退化。口器一般分为咀嚼式和刺吸式两种。幼虫的足分为胸足和腹足，胸足的分节与成虫一样，但构造比较简单，跗节仅有1节，前跗节也演变成1个爪。具有3对胸足，2～8对腹足的属多足型，如多数鳞翅目、膜翅目中叶蜂的幼虫。幼虫胸足、腹足全部退化的属无足型，如双翅目、鞘翅目的象甲科、膜翅目束腰亚目及鳞翅目潜叶类的幼虫。具有发达的胸足，但没有腹足的属寡足型，如鞘翅目金龟甲、步甲、伪步甲、金针虫的幼虫。

4. 蛹

蛹是全变态昆虫的同型幼虫期，是由幼虫转变为成虫过程中所必须经过的一个虫态。末龄幼虫也称老熟幼虫，进入老熟后停止取食，身体缩短，不活动，进入预蛹期。根据外部形态，通常将蛹分为3类。

(1) 被蛹 蛹体有包被，触角、翅、胸足等附属器紧贴于蛹体上，不能活动，如蛾类、蝶类的蛹。

(2) 离蛹 离蛹又称裸蛹，触角、翅、胸足等附属器不贴于蛹体上，可以活动，如鞘翅目类的天牛、金龟子等的蛹。

(3) 围蛹 围蛹的蛹体仍是离蛹，表面被预蛹期幼虫蜕下的皮硬化成的角质壳所包裹。

昆虫化蛹场所和方式多样，或在树皮裂缝中，或吐丝作茧，或挂在植物叶片、枝条上，或入土做成土室化蛹。

（二）昆虫的生物学特性

1. 昆虫的世代

昆虫从卵开始发育到成虫性成熟能产生后代为止的个体发育史，称为昆虫的一个世代，通俗的来讲就是指从1个卵发育成成虫的整个过程。昆虫在1年中的发育过程，从当年越冬虫态开始，到第二年越冬为止，称为年生活史。每种昆虫完成1个世代所需要的时间不同，在1年内完成的世代数也不同。有的昆虫1年只完成1代，也叫发生1代，有的1年发生2代甚至多代。还有的昆虫完成1个世代需要2年以上，甚至多达17年1代。1年中发生多代的昆虫，常因发生期参差不齐，在一个时间段内，有2个世代的同一虫态混合发生，称为世代重叠。

2. 昆虫的变态

昆虫在生长发育过程中，不仅体躯增大，外部形态及内部组织、器官也会发生一系列的变化，这种现象称为变态。

(1) 不完全变态（渐变态） 这类昆虫一生中只经过卵、若虫、成虫3个虫态。其特征为幼期属于寡足型，翅在幼虫体外发育，成虫期不再蜕皮。幼虫和成虫在体型、生活习性方面基本相同，其区别为幼虫的翅未长成，生殖器官未成熟，成虫的特征随幼虫生长发育而逐步显现。如蝗虫、螳螂、蚜虫、椿象等。不完全变态的幼虫一般称为若虫。

(2) 全变态 这类昆虫一生要经过卵、幼虫、蛹、成虫4个虫态，幼虫与成虫在外部形态与内部器官方面有很大差别，有时食性也有差别。幼虫转变为成虫时需要经过一个将幼虫构造转变为成虫构造的不活动的过渡虫期，称为蛹期。

（三）昆虫的发育

昆虫的发育是指从卵到成虫的整个过程。

1. 孵化

完成胚胎发育后，幼虫脱壳离卵而出，称为孵化。从卵离开母体到孵化为幼虫所经过的时间称为卵期。

2. 蜕皮

昆虫从卵孵化出来后，随着虫体的长大，体壁会限制幼虫的生长，因而幼虫要重新形成新表皮而将旧表皮蜕去，这一过程称为蜕皮。蜕下的旧表皮称为蜕。昆虫的大小或生长的进程，可用蜕皮的次数来区分为不同的虫龄。幼虫从孵化到第一次蜕皮称为1龄幼虫，经第一次蜕皮到下一次蜕皮称2龄幼虫，以后每蜕1次皮就增加1龄。在相邻的2次蜕皮之间所经历的时间，称为龄期。最后幼虫停止取食，不再生长，叫做老熟幼虫或末龄幼虫。

3. 化蛹

全变态的老熟幼虫再经过脱皮后变成蛹，这种变化叫做化蛹。从初孵幼虫到化蛹或初孵若虫到羽化成虫所经过的时间为幼虫期或若虫期。

4. 羽化

蛹经脱壳或不完全变态的老熟若虫再经过脱皮，就变为成虫，这一过程称为羽化。从化蛹到羽化所经过的时间称为蛹期。成虫羽化到死亡所经过的时间称为成虫期。

（四）昆虫习性

昆虫在其系统发育及个体发育的过程中，对外界各种信息的刺激或来自体内的刺激会作出各种反应行为，或有利于觅食、求偶，或利于避开敌害和不良环境，这些行为特性是建立在神经活动与内外激素分泌活动的基础上的。昆虫的习性，即种或种群的生物学特性一般具有特异性，可以利用这些昆虫习性中的的弱点，制定控制害虫的措施。

1. 食性

食性是指昆虫的取食习性。各种昆虫长期生活在自然界逐渐形成一定的取食范围，根据昆虫所取食的食物性质，可将其分为植食性、肉食性、腐食性昆虫。危害林果的害虫均为植食性昆虫。肉食性昆虫以其他动物为食物，有捕食性昆虫及寄生性昆虫。天敌昆虫就属于肉食性昆虫。腐食性昆虫以植物的残余物、动物的尸体或粪便为食，如部分蝇类、粪食金龟子等。另外还有既取食植物性又取食动物性食物的，称为杂食性昆虫。

根据昆虫取食范围的广狭，又可将昆虫分为多食性、寡食性和单食性。多食性昆虫可取食属于不同科的多种食物，如美国白蛾。寡食性昆虫只取食一个属的若干种植物，如枣实蝇。单食性昆虫只取食一种植物，如紫穗槐豆象。

2. 趋性

趋性是指昆虫对自然界的刺激引起趋向或背离的定向反应。趋向刺激物的行为叫正趋性。避开刺激物的行为叫负趋性。刺激物多种多样，有光、温度（热）、声音、水分、化学物质等，所以昆虫的趋性相应地有趋光性、趋温性、趋化性。昆虫的趋性也是相对稳定的，对刺激物的强度、浓度有一定程度的选择性。防治林果害虫可以利用昆虫的趋性控制害虫的虫口密度，如利用昆虫的趋光性，进行黑光灯诱杀；梦尼夜蛾等不少蛾类喜食甜、酸等气味食物，可以利用糖醋液诱杀。

3. 群集性

是指某种昆虫大量个体高密度地聚集在一起的习性，如美国白蛾在幼龄幼虫群集取食的习性。

4. 拟态

一种昆虫模拟自然界其他物体、生物的行为称为拟态，如春尺蠖幼虫模拟一段枯枝等。

5. 保护色

昆虫具有同自己生活环境中背景相似的颜色称为保护色，它有利于躲避捕食动物，保护自己不受到侵害，如梭梭漠尺蛾的成虫与幼虫都有保护色。

6. 假死

昆虫受到外界刺激后，立即坠地，一动不动，这种现象称为假死现象，如象甲、叶甲成虫就有假死行为。

7. 休眠与滞育

昆虫在发育过程中遇到不良环境条件，如温湿度不适合、食物缺乏等，发生的生长发育停滞或生殖停止的现象。这种停滞生长发育现象又可分为休眠与滞育。休眠一般是不良环境条件直接引起的，如秋冬气温下降，食物的缺乏、高温干旱等。当这些不良环境条件消除后，休眠昆虫可以恢复生长发育和生殖。昆虫的任何虫态都可能进入休眠。滞育是昆虫受环境条件的诱导所产生的生长发育和生殖停滞的状态。它常发生于一定的发育阶段，稳定而可以遗传，不仅表现为发育的停顿和生理活动的降低，而且一经开始必须渡过一定的时间或经某种生理变化后才能结束。有滞育特性的昆虫其滞育特性具有遗传稳定性及固定的滞育虫态，常常在不利的环境条件还未到来之前就开始滞育。昆虫进入滞育的信号是光周期，而解除滞育则需要经历一段时间的低温刺激。昆虫通过滞育及与之相似但较不稳定的休眠现象来调节生长发育和繁殖的时间，以适应所在地区的季节性变化及环境不稳定的突发性变动。

第二节　病害基础知识

（一）病害概念

林果在生长发育过程中如果外部条件不适应或遭受其他生物的侵害，使林果的生长发育受到干扰和破坏，使林果从生理机能到组织结构上发生一系列的变化，以至于在外部形态上发生反常的表现，造成产量降低、质量变劣，减少或失去经济价值甚至引起死亡，这种现象称为林果病害。林果病害分侵染性和非侵染性两大类。

1. 侵染性病害

由生物性病原侵染而引起的病害称为侵染性病害。由于侵染源的不同，又可分为真菌性病害、细菌性病害、病毒性病害、线虫性病害、寄生性种子植物病害等多种类型。这些由寄生性病菌引起的病害可相互传染。许多林果病害属于这一类。侵染性病害的发生发展包括以下环节：病原物与寄主接触后，对寄主进行侵染活动（初侵染病程）。由于初侵染的成功，病原物数量得到扩大，并在适当的条件下传播（气流传播、水传播、昆虫传播以及人为传播）开来，进行不断的再侵染，使病害不断扩展。由于寄主组织死亡或进入休眠，病原物随之进入越冬阶段，病害处于休眠状态。到次年开春时，病原物从其越冬场所经新一轮传播再对寄主植物进行新的侵染。这就是侵染性病害的一个侵染循环。

侵染性病害由寄生性病原侵染所致，与环境条件有密切关系。寄生性病原的生长、发育、繁殖、传播、侵染和林果生长势的强弱、抗病能力的大小受环境条件的影响。环境条件有利于寄生性病原而不利于林果生长时，病害容易发生和蔓延；反之，病害就不容易发生和蔓延。因此在林果病害防治时必须充分重视环境条件对林果生长的影响，尽可能创造有利于林果生长而不利于寄生性病原生长的环境条件，从而减轻或防止林果病害的发生。

2. 非侵染性病害

由非生物因子引起的病害，如营养、水分、温度、光照、有毒物质、有毒气体等，阻碍植株的正常生长而出现病症。这些由环境条件不适而引起的病害不能相互传染，又称为非传染性病害或生理性病害。

（二）病害症状

症状是指寄主植物感病后外表的不正常表现，是病原物和寄主共同产生的感病表现和产物。症状包含病状和病症。

1. 病状

指植物感染病害后本身表现出的反常现象，如丛枝、花叶、萎蔫、小叶、矮化等。

2. 病症

指林果的植株和果实在受到侵害后，在感病部位的表面显露生出的病原体如菌丝、子实体、孢子等。如感染了细菌性病害，一般是在病部产生脓状物；感染了真菌性病害，有的会产生并表露出白毛、黑色或锈黄色粉状物霉层等；病毒不产生病征，从外表看，只是寄主产生的变形、变色、畸形等病状。

林果病害的症状是诊断病害的重要依据。在林果病害防治中一般可以根据对症状的观察做出病害初步诊断。林果病害的名称通常也是根据它的主要症状来命名的，如葡萄白粉病、枸杞黑果病等。

林果病害的症状是随病害发展而变化的，初期症状与后期症状往往有很大差异。同一种病害由于寄主种类、危害部位以及寄主植物发育时期不同，症状表现也有差别。常见的林果病害症状主要有：

(1) 斑点 多发生在叶片和果实上。病斑多为褐色，圆形、近似圆形或不规则形，有的具有轮纹。如叶片上的斑点扩大、连接会引起叶枯。

(2) 腐烂 可以发生在树木的各个部位及果实上。主要是真菌或细菌分泌的酶分解细胞间的中胶层，使细胞分离，组织腐烂。

(3) 溃疡 树木枝干的局部皮层坏死，形成周围隆起的凹陷病斑。

(4) **粉霉** 感病部位表面着生由某些病原真菌产生的菌丝体和孢子堆形成的白毛、黑色或锈黄色粉状物或霉层。

(5) **丛枝** 树木的部分枝叶变小、密集丛生。多数由真菌或类菌质体侵染引起。由于病原物的侵染活动抑制了枝条顶芽的生长发育，叶芽或不定芽大量萌发，丛生许多细弱的小枝，小枝的叶芽又发育成小枝，重复数次，导致枝叶密集成丛。病枝一般垂直于地面，向上生长，节间变短，叶片变小，病枝最后陆续死亡。

(6) **肿瘤** 树木的根、干、枝条局部细胞增生形成肿瘤。多由真菌或细菌引起。

(7) **枯萎** 一般专指由真菌或细菌引起的维管束病害。病菌侵入树木根部或干部维管束组织，沿维管束扩展，使维管束堵塞或产生毒素破坏维管束组织，使维管束失去输导功能，造成树木整株或局部枝叶枯萎，如松材线虫病。

(8) **黄花、花叶** 叶片大部分或全部退绿变成黄色或黄白色，称为黄化；叶片色泽深浅不均匀，浓绿和浅绿相间称为花叶。这类症状大部分是由于营养失调或类菌质体和病毒引起的。

(9) **流胶或流脂** 树木的芽、枝、干流出树脂或树胶，致使树木生长衰弱或枯死，称为流胶病或流脂病，如桃树流胶病。

（三）侵染性林果病害的病原

1. 真菌

真菌是具有真核和细胞壁的异养生物。近代分类系统将真菌列为独立类群，称为真菌界或菌物界。真菌的种属很多，已报道的属达1万以上，种超过10万个。真菌的发育过程分为营养阶段和生殖阶段。营养阶段是不断生长和积累养分的时期，到生殖阶段就产生孢子繁殖。

真菌无根、茎、叶的分化，无叶绿素，不能自己制造养料，以寄生或腐生方式摄取现成有机物。大多数林果病害都是由真菌引起的。真菌营养生长阶段的结构称为营养体，营养体除少数低等类型为单细胞外，大多是由纤细管状菌丝构成的菌丝体。

菌丝体在基质上生长的形态称为菌落。菌丝在显微镜下观察时呈管状，具有细胞壁和细胞质，无色或有色。菌丝可无限生长，但直径是有限的，一般为2～30μm，最大的可达100μm。低等真菌的菌丝没有隔膜，称为无隔菌丝，而高等真菌的菌丝有许多隔膜，称为有隔菌丝。此外，少数真菌的营养体不是丝状体，而是无细胞壁且形状可变的原质团或具细胞壁的、卵圆形的单细胞。

寄生在植物上的真菌往往以菌丝体在寄主的细胞间或穿过细胞扩展蔓延。当菌丝体与寄主细胞壁或原生质接触后，营养物质因渗透压的关系进入菌丝体内。有些真菌侵入寄主后，菌丝体会在寄主细胞内形成吸收养分的特殊机构称为吸器。吸器的形状不一，因种类不同而异，如白粉菌吸器为掌状，霜霉菌为丝状，锈菌为指状，白锈菌为小球状。

菌丝体一般很疏松，像一层薄薄的棉絮。有些真菌的菌丝体生长到一定阶段，可形成疏松或紧密的组织体。菌丝组织体主要有菌核、子座和菌索等。菌核是由菌丝紧密交织而成的休眠体，内层是疏丝组织，外层是拟薄壁组织，表皮细胞壁厚、色深、较坚硬。菌核的功能主要是抵抗不良环境。当条件适宜时，菌核能萌发产生新的营养菌丝或从上面形成新的繁殖体。菌核的形状和大小差异较大，通常似绿豆或不规则状。子座是由菌丝在寄主表面或表皮下交织形成的一种垫状结构，有时与寄主组织结合而成。子座的主要功能是形成产生孢子的结构，但也有度过不良环境的作用。菌索是由菌丝体平行组成的长条形绳索状结构，外形与植物的根有些相似，所以也称根状菌索。菌索可抵抗不良环境，也有助于菌体在基质上蔓延。

有些真菌菌丝或孢子中的某些细胞膨大变圆、原生质浓缩、细胞壁加厚而形成厚垣孢子(chlamydospore)。它能抵抗不良环境，待条件适宜时，再萌发成菌丝。

真菌生长发育到一定时期时，就从营养阶段转入繁殖阶段，形成各种繁殖体即子实体(fruitingbody)。真菌的繁殖体包括无性繁殖形成的无性孢子和有性生殖产生的有性孢子。孢子发芽产生芽管，芽管发展为菌丝体。

(1) 无性繁殖(asexual reproduction) 无性繁殖是指营养体不经过核配和减数分裂产生后代个体的繁殖方式。它的基本特征是营养繁殖通常直接由菌丝分化产生无性孢子。常见的无性孢子有3种类型：

游动孢子(zoospore)：形成于游动孢子囊(zoosporangium)内。游动孢子囊由菌丝或孢囊梗顶端膨大而成。游动孢子无细胞壁，具1~2根鞭毛，释放后能在水中游动。

孢囊孢子(sporangiospore)：形成于孢囊孢子囊(sporangium)内。孢子囊由孢囊梗的顶端膨大而成。孢囊孢子有细胞壁，无鞭毛，释放后可随风飞散。

分生孢子(conidium)：产生于由菌丝分化而形成的分生孢子梗(conidiophore)上，顶生、侧生或串生，形状、大小多种多样，单胞或多胞，无色或有色，成熟后从孢子梗上脱落。有些真菌的分生孢子和分生孢子梗还着生在分生孢子果内。孢子果主要有两种类型，即近球形的具孔口的分生孢子器(pycnidium)和杯状或盘状的分生孢子盘(acervulus)。

(2) 有性生殖(sexual reproduction) 真菌生长发育到一定时期(一般到后期)就进行有性生殖。有性生殖是经过两个性细胞结合后细胞核减数分裂产生孢子的繁殖方式。多数真菌由菌丝分化产生性器官即配子囊(gametangium)，通过雌、雄配子囊结合形成有性孢子。其整个过程可分为质配、核配和减数分裂3个阶段。第一阶段是质配，即经过两个性细胞的融合，两者的细胞质和细胞核(N)合并在同一细胞中，形成双核期(N+N)。第二阶段是核配，就是在融合的细胞内两个单倍体的细胞核结合成一个双倍体的核(2N)。第三阶段是减数分裂，双倍体细胞核经过两次连续的分裂，形成4个单倍体的核(N)，从而回到原来的单倍体阶段。经过有性生殖，真菌可产生4种类型的有性孢子。

卵孢子(oospore)：卵菌的有性孢子。是由两个异型配子囊——雄器和藏卵器接触后，雄器的细胞质和细胞核经受精管进入藏卵器，与卵球核配，最后受精的卵球发育成厚壁的、双倍体的卵孢子。

接合孢子(zygospore)：接合菌的有性孢子。是由两个配子囊以配子囊结合的方式融合成一个细胞，并在这个细胞中进行质配和核配后形成的厚壁孢子。

子囊孢子(ascospore)：子囊菌的有性孢子。通常是由两个异型配子囊——雄器和产囊体相结合，经质配、核配和减数分裂而形成的单倍体孢子。子囊孢子着生在无色透明、棒状或卵圆形的囊状结构即子囊(ascus)内。每个子囊中一般形成8个子囊孢子。子囊通常产生在具包被的子囊果内。子囊果一般有4种类型，即球状而无孔口的闭囊壳(cletothecium)，瓶状或球状且有真正壳壁和固定孔口的子囊壳(perithecium)，由子座溶解而成的、无真正壳壁和固定孔口的子囊腔

(locule)，以及盘状或杯状的子囊盘(apothecium)。

担孢子(basidiospore)：担子菌的有性孢子。通常是直接由性别不同的单核初生菌丝体质配形成双核次生菌丝，以后双核菌丝的顶端细胞膨大成棒状的担子(basidium)。在担子内的双核经过核配和减数分裂，最后在担子上产生4个外生的单倍体的担孢子。

此外，有些低等真菌如根肿菌和壶菌产生的有性孢子是一种由游动配子结合成合子，再由合子发育而成的厚壁的休眠孢子(restingspore)。

2. 细菌

细菌属于原核生物界，是单细胞生物，有细胞壁，但无真正的细胞核。是一类形状细短，结构简单，多以二分裂方式进行繁殖的原核生物。是在自然界分布最广、个体数量最多的有机体，是大自然物质循环的主要参与者。细菌主要由细胞壁、细胞膜、细胞质、核质体等部分构成，有的细菌还有荚膜、鞭毛、菌毛等特殊结构。绝大多数细菌的直径大小在0.5～5μm之间。根据其形状呈球状、杆状、螺旋状分为球菌、杆菌和螺形菌。林木病原细菌全部是杆菌，两端略圆，一般长1～3μm，宽0.5～0.8μm。绝大多数生有鞭毛，能在水中游动。鞭毛1至多根。生于杆菌的一端或两端的称为极毛，生于周围的称为周毛。鞭毛的有无、着生位置和数目多少是细菌分类的主要依据。

细菌的繁殖方式为裂殖，即一分为二，二分为四……当细菌成熟后，在杆状菌体的中部产生隔膜，随后分成两个子细胞。细菌的繁殖很快，一般每小时分裂1次。在最适宜的条件下，20分钟就能分裂1次。

对革兰氏染色的反应是鉴定细菌的主要依据。细菌经过结晶紫染色、碘液处理、酒精或丙酮冲洗、番红复染水洗后，菌体呈红色是阳性反应，呈紫色是阴性反应。林木病原细菌大都是革兰氏阴性细菌，少数是革兰氏阳性细菌。

所有的林木病原细菌都能在人工培养基上生长繁殖，形成白色、黄色或褐色圆形或不规则形菌落，以略带碱性的培养基较为适宜。生长的温度一般在26～30℃。

林木细菌性病害的主要症状有斑点、溃疡、枯萎以及肿瘤等类型。细菌性病害的病部组织内含有大量的细菌，在潮湿的环境条件下，会从病部溢出大量的含有细菌的黏液。切取一小块组织，放在玻片上的水滴中，便可在水滴中看到大量的细菌从病部组织内涌出，称菌溢。这些都是细菌性病害的重要标志。

林木病原细菌在病株或病株残体上越冬，借雨水、风、昆虫及带菌的种苗调运进行远距离传播，病菌从林木的伤口或自然孔口侵入。

3. 病毒和类菌质（原）体

病毒是一类比细菌小得多的微生物，要用电子显微镜才能看得到。植物病毒的基本形态有杆状、纤维状及球状3种类型。其结构简单，既无细胞壁，也无细胞核，仅有蛋白质和核酸两部分组成。核酸被外面的蛋白质衣壳包围。

病毒是专性寄生物，只能在活的寄主细胞内生活、增殖，不能在人工培养基上培养。病毒的增殖方式与真菌和细菌繁殖不同。当病毒侵入寄主细胞后，寄主细胞在病毒的影响下改变了代谢途径，正常的生理作用受到干扰和破坏，而病毒则得以利用寄主的营养物质和能量分别复制与合成自己的核酸及蛋白质，然后再互相结合形成新的病毒个体。通常病毒的增殖过程也就是病毒的致病过程。病毒在寄主细胞内增殖到一定数量后，逐渐进入筛管，随养分的输导扩展至寄主全身，使寄主全身发病。林木感染病毒病害后的症状常见的有花叶、黄花、枯斑及植株枯萎、叶或果畸形等。

病毒病害主要通过刺吸式口器昆虫、嫁接产生的伤口及病株与健康植株间的接触进行传染。

类菌质（原）体是近20年来发现的一类林木病原物，其大小介于细菌和病毒之间，圆形、椭圆形或其他形状。圆形的直径在100～1000μm，无细胞壁，外包一层膜，内含核质、核酸、蛋白质、液泡和代谢物质。可能以二分裂或芽殖的方式繁殖。

危害植物的类菌质（原）体生存在寄主树木的韧皮部细胞内或昆虫体内，可以随养分的输导而扩散到树木全身，使树木全身发病。生病的树木表现为黄化、矮化、丛枝、萎缩等症状。

类菌质（原）体在自然界主要通过叶蝉、嫁接以及其他带病的无性繁殖材料如接穗、种根而传播。

4. 线虫

线虫属袋形动物门、线虫纲。多数生活在水里或土壤中，少数寄生在动植物体内，引起动植物线虫病。已知危害树木的有根结线虫、松材线虫等。根结线虫主要危害植物的根部，引起根结病。松材线虫主要危害松树的树干皮层和木质部，引起松树枯死。

线虫虫体线形，无色或乳白色。大多数雌雄同形，少数雌雄异形，即雌性成虫可以发育成球形或梨形(如松材线虫)，但在幼虫阶段仍为线形。生活在土中、水中和寄生在植物上的线虫体长一般不超过2mm。口腔中有口针，穿刺取食。线虫的一生分为卵、幼虫、成虫3个阶段。

5. 寄生性种子植物

寄生性种子植物也被称为是一类植物性病原物，常见的有菟丝子和桑寄生、槲寄生。菟丝子为一年生攀援草本植物，无根无叶，无叶绿素，能开花结籽。菟丝子为全寄生种子植物，其藤茎缠绕在寄主植物上，藤上的吸根伸入寄主植物的茎干内，吸取寄主植物体内的养分，使寄主植物生长衰弱，甚至枯死。

桑寄生、槲寄生是一种寄生常绿小灌木，可以从寄主植物上吸取水分和无机物，进行光合作用制造养分，影响寄主植物的生长，甚至导致死亡。但桑寄生、槲寄生同时也是一种中药。

一些藻类和螨类也能引起树木的病害。

（四）病害发生发展规律

1. 发生过程

病害的发生过程分为3个时期，分别为侵入期、潜育期和发病期。侵入期是指病原菌从接触寄主植物到侵入其体内开始营养生长的时期，此时病原菌易受环境条件的影响而死亡，是防治的最佳时期。潜育期指病原菌与寄主植物建立寄生关系起到症状出现所经过的时期，可通过改变环境和栽培条件入手，培育壮苗，抑制病原菌繁殖，减轻危害。发病期是病害症状出现到停止发展的时期，病害发展至此已很难防治。因此，对植物病害应做好预防工作，如需防治应及早进行。

2. 侵染循环

侵染循环是指病原菌在植物一个生长季节引起第一次发病，到下一个生长季节第一次发病的整个过程。病原菌种类不同，其越冬越夏场所和方式也不同，有的病原菌在植株活体内越冬越夏，有的则在残枝败叶内越冬越夏，再有的又以孢子或菌核的方式越冬越夏，因此在防治过程中，应采用针对性的措施加以防治。如冬季清除残枝败叶，翻耕土壤，或在春季的生长季节喷药，控制病原菌的生长繁殖。病原菌传播的途径主要有空气、水、土壤、种子、昆虫及风雨等，只有了解其传播途径才能加以切断途径。病原菌侵染寄主分为初侵染和再侵染，初侵染指植物在一个生长季节里受到病原菌的第一次侵染，再侵染是指在生长季节里再一次侵染。有些病原物在寄主一个生长时期只有初侵染而无再侵染，对此类病害只要消灭初侵染的病原物的来源即可达到防治目的。能再侵染的病害，则需重复进行防治，绝大多数病害属于后者。

第三节　林果有害生物主要防治措施

（一）林业植物检疫措施

许多植物病虫都有一定的分布区，而且也有人为扩大分布危害范围的可能性。如害虫可以随寄生的苗木、种子、果品或其他产物的运转传播到其他国家和地区。如果新地区的环境条件适合其生存又缺乏相应的天敌控制时，就会在短时期内蔓延繁殖，猖獗成灾。

森林植物检疫就是国家颁布法规，由专门的机构通过执法手段，采用各种强制性或限制性措施，严禁危险性病虫人为的传入或传出、封锁和捕灭新发现的检疫性有害生物。因此森林植物检疫是贯彻“预防为主、科学防控、依法治理、促进健康”防治方针的重要措施。

植物检疫分为对外检疫和对内检疫两部分，对外检疫的任务在于防范国外的危险性有害生物传入，以及按照输入国的要求控制国内发生的有害生物向外传播，包括出口、进口和过境检疫。分别在国际交往的港口、车站、机场和大规模出口商品的产地设立检疫检查站，对调运商品进行检查、检疫。查明其不带检疫对象，签发通行证、检疫合格证。检疫机构有权批准受检品可否进、出口或过境，以及强制进行消毒、扣留和销毁等处理，或责令其改变运输时间、地点和路线，并有权监督各机关单位执行国家检疫法规。

对内检疫的任务在于将国内局部地区发生的危险性有害生物封锁在一定的范围内。各省(区、市)检疫机构会同交通运输、邮电、供销及其他有关部门根据检疫条例进行检疫，防止局部地区危险性害虫扩散蔓延并逐步消灭。

（二）林业技术措施

昆虫的生长发育和繁殖，病原的侵染与蔓延，都要求一定的环境条件，当条件适宜时，种群数量迅速增加，危害会加重。反之，当环境条件不利时，种群数量下降，危害会减轻。林业技术措施是在林果生产的常规生产活动中，利用一系列科学、合理的林果栽培管理措施，有目的地改变某些环境因子，使之既能保证林果生长发育所要求的适宜条件，创造和经常保持不利于病虫害发生又能提高林果抗虫能力的生态环境，把有害生物的危害降到最低限度。这种方法不需额外投资，又有长期保持对有害生物的预防效果，因而是基本的防治方法。但它也有一定的局限性，不少林果有害生物单靠林果栽培管理技术措施是不行的，如果有害生物已经大发生还必须以其他方法予以除治。

1. 抗虫育种

害虫对寄主植物的理化特性有一定要求和适应性，因此寄主植物的形态结构及生理状况是制约害虫发生的重要一环。故抗虫育种是改进寄主抗性的根本方法。

林果的抗虫机制表现在化学的、物理机械的以及物候等方面。例如：板栗品种与栗实象的危害程度有明显的关系。果苞大、苞皮厚、苞刺硬而密，种皮厚、绒毛多、水分少的品种，不利于成虫产卵，故危害轻。又如，树体中的单宁能使蛋白质沉淀，抑制昆虫肠中的水解酶，妨碍昆虫消化，因而单宁含量高的树木抗虫性就高。

2. 育苗措施

苗圃是多种地下害虫集中栖息危害的场所，因而苗圃的土壤栖境、耕作技术、前作及周围植物与苗木病虫害的危害有密切关系，同时，又影响苗木的抗性。例如：地老虎喜欢杂草丛生湿润的黏壤土，适时中耕除草可减轻地老虎的危害。蝼蛄常活动于有机质丰富的温暖潮湿的弱碱性砂壤土，喜危害未木质化的幼苗，通过细致耕作提早播种，促进幼苗迅速生长，较早木质化，以避开蝼蛄的危害。春季一般地下害虫向土壤表层移动，啃食幼根，大量灌水可暂时强迫害虫下移，减轻危害。苗圃设置黑光灯也可诱杀蝼蛄、金龟甲、地老虎等害虫。育苗技术包括以下环节：先作苗圃地的土壤害虫调查，密度大时，用药剂处理或诱杀；细致整地，不用未腐熟的有机质肥料作基肥；适时提早播种；选用无病虫种子，或播种前消毒处理；不同树种苗木与农作物轮作；严格苗木验收制度；禁止带有病虫害的苗木出圃，或经过消毒处理，再次检疫合格后方可出圃。

3. 造林措施

适地适树是林果丰产措施之一。林果树生长良好可以提高抗病虫能力。盐碱地造林常因林果生长不良致使小蠹虫大量发生。细致整地可以改良土壤营养状况，也可减少地下害虫的密度。要注意，因整地后土壤疏松金龟子等地下害虫会来产卵，造林前应进行调查。正确选择造林树种，合理安排树种搭配，应尽量营造混交果园，以提高果树自然保护性能。因为混交果园内林果树种和地被物复杂，生物群落比较丰富，昆虫种类较纯林多，往往是一些寄生蜂天敌的补充寄主，在主要害虫低发的年份或季节，天敌不会随之凋落，而害虫大发生天敌可以迅速增殖，加大害虫的被寄生率。同时混交果园对害虫的取食、扩散都有一定的阻碍作用。例如在混交果园内害虫觅食时遇到的困难要比纯林内大，在纯林内每株树木都是害虫的食物，在混交果园内则不然。另外，郁闭的复层果园，园内温度低、湿度大，害虫发育慢，感病机会多。因此，在混交果园内害虫不易猖獗成灾。此外，保护杂草、灌木及蜜源植物有利于多种寄生性天敌的栖息与补充营养，为天敌昆虫创造好的生存条件。

4. 营林措施

果园果树抚育目的在于调整和改善果园的组成和园内的环境条件，促进林果健壮生长。应根据林果生长不同时期、不同特点进行适度的合理修枝，对某些害虫的防治也能起到一定作用。生长衰弱的果树应及时予以改造。老果树必须及时更新伐除，于5月份以前运出果园，以防小蠹虫的滋生、扩散、蔓延。

（三）人工物理防治措施

物理机械防治是指利用一些机械和物理因素（光、热、电、风、放射能等）来防治有害生物的方法。物理防治简单易行，很适合小面积场圃和庭园果树的有害生物防治。缺点是费工费时，有很大的局限性。常见的防治措施有以下几种：

1. 人工捕杀法

利用人工或各种简单的机械捕捉或直接消灭害虫的方法称捕杀法。人工捕杀适合于具有假死性、群集性或其他目标明显易于捕捉的害虫，如多数金龟甲、象甲的成虫具有假死性，可在清晨或傍晚将其震落杀死。又如人工剪除苹果巢蛾的虫巢、黄褐天幕毛虫的卵块；冬季修剪时，剪去黄刺蛾茧、刮除舞毒蛾卵块等。也可在生长季节结合园圃日常管理，人工捏杀苹果卷叶蛾虫苞，摘除虫卵，捕捉天牛成虫，剪除幼嫩枝干内的透翅蛾。此法的优点是不污染环境，不伤害天敌，不需额外投资，又便于开展群众性的防治，在综合防治中仍占重要位置。缺点是工效低，费工多。

2. 阻隔法

人为设置各种阻碍物以切断害虫的运动途径，这种方法称为阻隔法，也叫障碍物法。

(1) 涂毒环、涂胶环 对有上、下树习性的松毛虫越冬幼虫、春尺蠖雌蛾、杨毒蛾幼虫等可在树干上涂毒环或涂胶环，阻隔和触杀。胶环 的配方通常有2种：①蓖麻油10份，松油10份，硬脂酸1份；②豆油5份，松油10份，黄蜡1份。购买和使用工厂生产的聚烯烃类粘虫胶更方便。

(2) 挖防虫沟 对不能迁飞只靠爬行扩散的害虫，为阻止其迁移危害，可在未受害区周围挖沟，害虫坠落沟中后予以消灭。对紫色根腐病、白腐病等借助菌索传播的根部病害，在受害植株周围挖沟能阻隔病菌菌索的蔓延。沟的规格为宽20～30cm、深30～40cm，两壁要光滑、垂直或为倒梯形。

(3) 设置障碍物 有的害虫雌虫无翅不能飞，只能爬到树上产卵；有的害虫幼虫有下树越冬的习性。对这类害虫，可在成虫上树前或在幼虫下树前，在树干基部设置障碍物，阻止其成虫上树产卵或早春上树危害，阻止幼虫下树越冬，如在树干上绑塑料薄膜、草绳或在干基周围培土堆，制成光滑的陡面。山东枣产区总结出人工防治枣尺蠖的“尺蠖防治五步法”，即“一涂、二挖、三绑、四撒、五堆”，可有效地控制枣尺蠖上树。

(4) 纱网隔离 对于保护地如日光温室及各种塑料拱棚，可采用40～60目的纱网覆罩，不仅可以隔绝蚜虫、叶蝉、粉虱、蓟马、斑潜蝇等害虫的危害，还能有效地减轻病毒病的侵染。

(5) 土表覆盖薄膜或盖草 许多叶部病害的病原物是随病残体在土壤中越冬的，林果栽培在早春覆膜或盖麦秸草、稻草等，可大幅度地减轻叶部病害的发生。其原因是薄膜或干草对病原的传播起到了机械阻隔作用，且覆膜后土壤温度、湿度提高，加快了病残体的腐烂，减少了侵染来源。干草腐烂后还增加肥力。

土表覆盖银灰色薄膜，能使有翅蚜远远躲避，从而保护林果植物免受蚜虫的危害并减少了蚜虫传毒的机会。

3. 诱杀法

利用害虫的趋性，人为设置机械或其他诱物来诱杀害虫的方法称为诱杀法。此法还用于预测害虫的发生动态。

(1) 灯光诱杀 大多数害虫的视觉神经对波长330～400nm的紫外线特别敏感，具有较强的趋性，利用害虫的趋光性人为设置灯光来诱杀害虫的方法称为灯光诱杀。目前生产上所用的光源主要是黑光灯。此外，还有频振式杀虫灯、高压电网灭虫灯等。

黑光灯是一种能辐射出360nm紫外线的低气压汞气灯，电压为交流电或6～12V的蓄电池、干电池。一般20～30W的黑光灯，每盏灯诱虫面积为2hm^2左右，灯距地面1～1.5m为宜。在距灯5cm的下方设大的水盆，若林地附近有水源，设灯处可挖坑引水。盆内、坑内加一些柴油或煤油，害虫扑灯后，容易跌入水盆中淹死。还可以把灯和高压网（3000～5000V）装在一起，使害虫触电而死。灯光诱虫要根据害虫生物学特性和天气情况安装利用，通常在无风、无月光、闷热天气诱集效果最好。由于许多天敌也有趋光性，也会被杀死，使得光源附近的害虫虫口密度增大。因此，用灯光诱杀时必须采取适当的补救措施。

(2) 食物诱杀

毒饵诱杀。利用害虫的趋化性，在其喜欢的食物中掺入适量的毒剂，制成各种毒饵诱杀害虫，叫做毒饵诱杀。防治蝼蛄、地老虎等地下害虫，一般用麦麸、谷糠、鲜草等做饵料，掺入晶体敌百虫或辛硫磷等药剂，制成毒饵诱杀。防治蛾类成虫可用糖浆诱杀。

饵木诱杀。许多蛀干害虫，如天牛、小蠹虫、象甲等喜欢在新伐倒树木上产卵繁殖，因而在害虫繁殖期，人为设置一些新鲜木段，供其产卵，待新一代幼虫全部孵化后，进行剥皮处理，以消灭其中的害虫，这种方法叫做饵木诱杀。饵木可利用害虫喜欢寄生、利用价值不大且生长衰弱的树木，结合卫生伐砍下。放置饵木的地点依各种害虫的习性而定，要及时清理饵木。

(3) 特定的化学物质诱杀 可利用某些昆虫分泌的性外激素、聚集外激素等对异性个体及同种个体进行诱集杀灭。如利用白杨透翅蛾雌性性外激素制成诱捕器诱杀其雄蛾，利用小蠹虫聚集外激素诱杀小蠹虫，都取得了成功。

(4) 植物诱杀 利用害虫对某些植物有特殊的趋性行为而种植此种植物诱集捕杀害虫的方法。如在棉田周围种植玉米诱集带防棉铃虫，种苘麻吸引其产卵，在苗圃周围种植蓖麻，可使金龟甲误食后麻醉，从而集中捕杀。

(5) 潜所诱杀 利用害虫的越冬或白天隐蔽的习性，人工设置类似的环境来诱杀害虫的方法，叫潜所诱杀。如地老虎幼虫夜间危害，白天潜伏于根际，可将新鲜树叶或杂草堆积在苗圃走道上或苗床周围来诱集地老虎、蟋蟀等害虫，然后集中消灭。在树干上束草、毡片、布片等，可以诱集多种果树食心虫幼虫及不少害螨进入其中越冬，集中杀灭。白天在根茎周围堆积石块，舞毒蛾及一种斑蛾幼虫就聚集于石块下，便于捕杀。

(6) 色板诱杀 将黄色粘胶板设置于植物栽培区域，可诱粘到大量有翅蚜、白粉虱、斑潜蝇等害虫。目前在温室保护地、果园、棉田中已经大面积成功应用。

4. 高温处理法

任何生物，包括植物病原物、害虫对热都有一定的忍耐性，超过限度生物就会死亡。害虫和病菌对高温的忍受力都很差，因此，通过提高温度来杀死病菌或害虫的方法称为高温处理法，也称为热处理法。在林业有害生物的防治中，热处理有干热和湿热两种。

(1) 种苗的热处理 热水浸种对多种真菌、细菌病害有效。种苗热处理的关键是温度和时间的控制，一般对休眠器官处理比较安全，对某种有病虫的植物作热处理时，要事先进行试验。常用的方法有浸种和浸苗。如唐菖蒲球茎在55℃水中浸泡30分钟，可以防治镰刀菌干腐病；用

80℃热水浸刺槐种子30分钟后捞出，可杀死种内小蜂幼虫，不影响籽实发芽率。需要注意的是，热处理的有效温度和造成植物损害的温度比较接近，必须严格掌握温度和处理时间。此外，经处理后的种子必须充分干燥才能储藏。

(2) 土壤的热处理 使用90～100℃热蒸汽处理温室土壤几分钟，可大幅度降低香石竹镰刀菌枯萎病、菊花枯萎病及地下害虫的发生程度。在发达国家，蒸汽热处理土壤已成为常规管理措施。

利用太阳能热处理土壤也是有效的措施，在7～8月间将土壤摊平做垄，垄为南北向，浇水并覆盖塑料薄膜（25μm厚为宜），在覆盖期间要保证有10～15天的晴天，耕作层温度可高达60～70℃，能基本上杀死土壤中的病原物。温室大棚中的土壤也可照此法处理，当夏季花木搬出温室后，将门窗全部关闭后在土壤表面覆膜，能杀灭不少温室的有害生物。

5. 微波、高频、辐射处理

(1) 微波、高频处理 微波和高频都是电磁波。因微波的频率比高频更高，微波波段的频率又叫超高频。用微波处理植物果实和种子杀虫是一种先进的技术，其作用原理是微波使被处理的物体及内外的害虫或病原物温度迅速上升，当达到害虫和病原物的致死温度时，即起到杀虫、灭菌的作用。

实验表明，利用ER-692型、WM0-5型微波炉处理检疫性林木籽实害虫，每次处理种子1~1.5kg，加热至60℃，持续处理1～3分钟，即可完全将落叶松种子广肩小蜂、紫穗槐豆象的幼虫，刺槐种子小蜂、柳杉大痣小蜂、柠条豆象、皂荚豆象的幼虫和蛹杀死。

微波、高频处理杀虫灭菌的优点是加热、升温快、杀虫效率高、快速、安全、无残毒、操作简便、处理费用低，在植物检疫中很适合于旅客检查和邮件检查工作的需要。

(2) 辐射处理 辐射处理杀虫主要是利用放射性同位素辐射出来的射线杀虫，如放射性同位素钴^{60}辐射出来的γ射线。这是一种新的杀虫技术，它可以直接杀死害虫也可以通过辐射引起害虫雄性不育，然后释放这种人工饲养的不育雄虫，使之与自然界的有生殖力的雌虫交配，使之不能繁殖后代而达到防治害虫的目的。由于辐射处理射线的穿透力强，能够透过包装物，可以在不拆除包装的情况下进行杀虫灭菌，所以对潜藏在粮食、水果、中药材等农林产品内的害虫以及毛织品、毛皮制品、书籍、纸张等物品内的害虫都可以采用此法处理。

利用红外线处理杀虫。红外线为一种电磁波，能穿透物体而在其内部加热使害虫致死。据中国农业科学院植物保护研究所试验，用220V、250W的红外线灯，照射高粱秆内的玉米螟越冬幼虫，照射距离12cm，时间5分钟，死亡率可达100%。对仓库害虫的杀伤能力也很显著，在红外线直接照射下5分钟，库内害虫即可全部杀死。在国外还利用飞机和人造卫星发射红外线调查害虫。

此外，还可以利用红外线、紫外线、X射线以及激光技术，进行害虫的辐射诱杀、预测预报及检疫检验等。近代生物物理学的发展，为害虫的预测预报及防治技术水平的提高，创造了良好的条件。

（四）生物防治措施

利用生物及其代谢物质来控制有害生物称为生物防治。生物防治的特点是对人、畜、天敌、植物安全，害虫不产生抗性，且有长期控制作用。但往往局限于某一虫期，作用慢、成本高、人工培养及使用技术要求比较严格。因此必须与其他防治措施相结合，才能发挥其应有的作用。生物防治可分为以虫治虫、以菌治虫、以鸟治虫、以菌治病等。

1. 以虫治虫

天敌昆虫依其生活习性不同，可分为捕食性和寄生性两大类。

(1) 捕食性天敌昆虫 专以其他昆虫或小动物为食的昆虫，称为捕食性天敌昆虫。捕食性天敌昆虫是林果害虫天敌中最常见的一个类群，在自然界中抑制害虫的作用十分明显。

捕食性天敌昆虫常见的类群有螳螂、瓢虫、草蛉、猎蝽、食蚜蝇，还有蜘蛛和其他捕食性螨等。

(2) 寄生性天敌昆虫 一些昆虫，在某个时期或终生寄生在其他昆虫的体内或体外，以其体液和组织为食来维持生存，最终导致寄主昆虫死亡，这类昆虫一般称为寄生性天敌昆虫，这类昆虫体一般较寄主小，数量比寄主多，在一个寄主上可育出一个或多个个体，寄生性天敌昆虫常见的类群有：姬蜂、小茧蜂、蚜茧蜂、肿腿蜂、黑卵蜂、小蜂类及寄生蝇类。

(3) 天敌昆虫利用的途径和方法 当地自然天敌昆虫的保护和利用。自然界中天敌的种类和数量很多，在自然界对害虫的种群密度起着重要的控制作用，因此要善于保护和利用。可通过采集天敌昆虫的卵、幼虫、茧蛹等置于害虫发生地，在防治中科学用药、协助天敌越冬、改善天敌营养条件等达到控制害虫的目的。

人工大量繁殖释放天敌昆虫。根据需要人工繁殖天敌，在害虫发生一定阶段时释放到野外，可取得较显著的效果。目前已繁殖利用成功的有：赤眼蜂、异色瓢虫、黑缘红瓢虫、草蛉、平腹小蜂、管氏肿腿蜂、周氏啮小峰等。

移殖、引进外地天敌。天敌移殖是指天敌昆虫在本国范围内移地繁殖。天敌引进是指将天敌昆虫从一个国家移入另一个国家繁殖。

我国从国外引进天敌虽然有不少成功的实例，但失败的次数也很多。主要是对天敌及防治对象的生物学、生态学及天敌的原产地了解不足所致。1978年从英国引进的丽蚜小蜂，在北京等地实验用于控制温室白粉虱，效果十分显著。1953年湖北从浙江移殖大红瓢虫防治柑橘吹绵蚧，获得成功，后来四川、福建、广西等地也引进了这种瓢虫，均获成功。

在天敌昆虫的引移过程中，要特别注意引移对象的生物学特性，选择好引移对象的虫态、时间及方法，应特别注意两地生态条件的差异。

2. 以菌治虫

利用病原菌使害虫得病而死的方法称为以菌治虫，昆虫的病原菌有真菌和细菌两种。以菌治虫在林果有害生物防治中具有较高的推广应用价值。

(1) 真菌 昆虫病原真菌的种类较多，约有750种，但研究较多且实用价值较大的主要是接合菌中的虫霉属、半知菌的白僵菌属、绿僵菌属及拟青霉菌属。病原菌孢子或菌丝自体壁侵入昆虫体内，以虫体各种组织和体液为营养，随后在虫体上长出菌丝，产生孢子，随风和水流进行再侵染。感病昆虫常出现食欲锐减，虫体萎缩，死后虫体僵硬，体表布满菌丝和孢子。

目前应用较广泛的真菌制剂是白僵菌，不仅可有效地控制鳞翅目、同翅目、膜翅目、直翅目等目的害虫，而且对人畜无害，不污染环境。

(2) 细菌 昆虫病原细菌已经发现的有90余种，多属于芽孢杆菌科、假单胞杆菌科和肠杆菌科。在害虫防治中应用较多的是芽孢杆菌属和芽孢梭菌属。病原细菌主要通过消化道侵入虫体内，导致败血症或由于细菌产生的毒素使昆虫死亡。被细菌感染的昆虫食欲减退，口腔和肛门具黏性排泄物，死后虫体颜色加深，并迅速腐败变形、软化、组织溃烂，有恶臭味。

目前我国应用最广的细菌制剂主要有苏云金杆菌及其变种。这类制剂无公害，可与其他农药混用，并且对温度要求不严，在温度较高时发病率高，对鳞翅目幼虫防治效果好。

3. 以病毒治虫

病毒病在昆虫中很普遍，利用病毒来防治害虫，其主要特点是专化性强。在自然情况下，一种虫生病毒往往只寄生一种或少数几种害虫，不存在污染与公害问题。昆虫感染病毒后，虫体多卧于或悬挂在叶片或植株表面，后期流出大量液体，但无臭味。

在已知的昆虫病毒中，防治中应用较广的有核型多角体病毒（npv）、颗粒体病毒(gv)和质型多角体病毒（cpv）3类。这些病毒主要感染鳞翅目、双翅目、膜翅目、鞘翅目等目的幼虫。

4. 以鸟治虫

我国现有1100多种鸟，其中食虫鸟约占半数，很多鸟类一昼夜所吃的东西相当于它们本身的重量。广州地区1980～1986年对鸟类调查后，发现食虫鸟类达130多种，对抑制园林害虫的发生起到了一定的作用。目前，在城市风景区、森林公园等保护益鸟的主要做法是：严禁打鸟、人工悬挂鸟巢招引鸟类定居以及人工驯化等。1984年广州白云山管理处从安徽省定远县引进灰喜鹊驯养，获得成功。山东省林科所人工招引啄木鸟防治蛀干害虫，也收到良好的防治效果。

5. 以菌治病

某些微生物在生长发育过程中能分泌一些抗菌物质，抑制其他微生物的生长，这种现象称颉抗作用。利用有颉抗作用的微生物来防治植物病害，有的已获得成功。如利用哈氏木霉菌防治茉莉花白绢病，有很好的防治效果。目前，以菌治病多用于土壤传播的病害。

（五）化学防治措施

化学防治是指用各种有毒的化学药剂来防治病虫害、杂草等有害生物的一种方法。

化学防治具有快速、高效、使用方便、不受地域限制、适于大规模机械操作等优点。今后相当长时期内化学防治仍占重要地位，但也有容易引起人畜中毒、污染环境、杀伤天敌、引起主要害虫再猖獗及次要害虫上升为主要害虫，长期使用同一种农药，还可使某些害虫产生不同程度的抗药性等弊病。化学防治的缺点，可通过研发选择性强、高效、低毒、低残留的农药，改变施药方式，减少用药次数等逐步加以解决，实施科学防治时要注意与其他防治方法相结合，扬长避短，充分发挥化学防治的优越性，减少其弊端。

第二章　特色林果主要虫害防治

第一节　食叶害虫及叶螨

（一）春尺蠖

1. 寄主、分布与危害

春尺蠖*Apocheima cinerarius* Erschoff又称沙枣尺蠖、桑尺蠖、榆尺蠖、杨尺蠖、柳尺蠖，属鳞翅目尺蛾科。

春尺蠖分布于新疆南疆、北疆；此外，还分布于青海、甘肃、陕西、宁夏、内蒙古、河北、天津、山东等地。危害苹果、梨、核桃、沙枣、杨、柳、槐、桑、榆、胡杨、槭等。以幼虫啃食果树芽、叶片、花器危害，发生早，幼虫发育快，食量大，常爆发成灾，往往将树叶食光，或仅留叶柄，对林果生产威胁很大。

2. 识别特征

(1) 成虫　雌雄性二型。雌成虫无翅，体长7～19mm。触角丝状，复眼黑色，全体灰褐色，背面有两列黑色纵纹。雄成虫体长10～15mm，翅展28～37mm。触角羽毛状，前翅正面灰褐至灰黑色，中部颜色较深，有黑色鳞片所组成的曲线3条；后翅黄白色，曲线不明显(图2-1、图2-2)。

(2) 卵　长圆形，长0.8～1mm，有珍珠色光泽，卵壳上有整齐刻纹。初产时为灰白色或赭色，孵化前变为深紫色(图2-3)。

(3) 幼虫　体长30～37mm，头黄色，体色变化较大，灰黄褐色或灰黑色。背面有5条纵走的黑色条纹，两侧有宽而明显的白色条纹。除胸足3对外，仅有腹足2对，分别着生在第6及第10腹节(图2-4)。

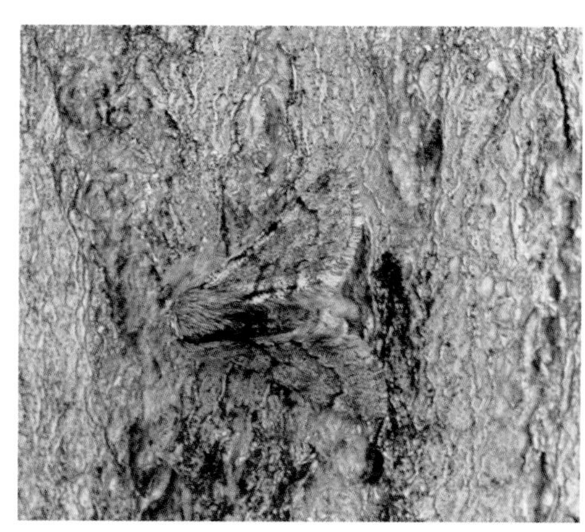

◎ 图2-1　春尺蠖雄蛾

◎ 图2-2　春尺蠖雌蛾

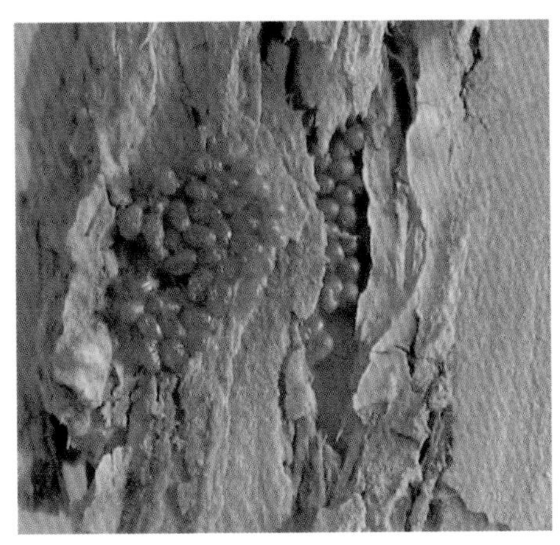
◎ 图2-3　春尺蠖卵

◎ 图2-4　春尺蠖5龄幼虫

(4) 蛹　红棕色，长10～20mm，蛹体末端有臀棘1根，臀棘末端分为2叉(图2-5)。

3. 发生危害规律与习性

1年发生1代，以蛹在土壤中越夏、越冬。吐鲁番和南疆地区，翌年2月下旬当地表层5～10cm深处温度在0℃左右时，成虫开始陆续羽化出土并交尾产卵。3月上、中旬见卵，3月下旬孵化为幼虫，4月中旬是危害盛期，老熟幼虫于4月下旬开始入土化蛹越夏、越冬。预蛹期4～7天，蛹期达9个多月。在北疆发生期比南疆约迟20天左右。

◎ 图2-5　春尺蠖蛹

成虫一般在晚7时左右羽化，有趋光性；多在黄昏至夜间11时前活动，进行交尾和产卵。有的雄蛾刚出土翅尚未展开，即可交尾；交尾呈“一”字形，每次历时4～31分钟，平均10.6分钟。雌蛾交尾后即寻觅产卵场所，卵多产在树皮裂缝和断枝皮下等处。卵呈堆状，常10余粒至数十粒集中一起。雌虫产卵量最多300余粒，平均104.4粒。成虫白天静伏在枯枝落叶和杂草内，已上树的成虫则藏于开裂的树皮下、树干断枝裂缝等隐蔽处。雌蛾寿命一般比雄蛾长，雌蛾寿命最长为28天，雄蛾最短仅2天(图2-6)。

◎ 图2-6　春尺蠖成虫交尾

卵期13～30天。在全疆幼虫孵化之时，正值白杨葇荑花序始花、杏花盛开及榆叶萌动、榆钱展开之时。初孵幼虫爬行迅速，能吐丝下垂，随风扩散。初龄多钻入芽苞中取食幼芽及花蕾，较大龄幼虫取食叶片，被害叶片轻者残缺不全，重者整枝叶片全部被吃光，并能吐丝借风力转移到附近树上危害，各龄幼虫受惊后都有吐丝下垂习性。幼虫具有一定的耐饥力，而以4～5龄幼虫耐饥力最强。幼虫有拟态，静止时常以腹足和臀足固定在树枝上，而将头胸部昂起，模拟寄主枯枝；遇到意外惊动，立即吐丝下垂，悬于树冠之下，慢慢又以胸足绕丝上升。一般幼虫取食危害约30天后入土化蛹。蛹多分布于树冠下比较低洼地段。化蛹深度最浅者为1cm，最深者为60cm，而以16～30cm土深处最多(图2-7、图2-8)。

◎ 图2-7　春尺蠖危害苹果花

◎ 图2-8　春尺蠖危害梨嫩芽

4. 防治措施

(1) 营林防治　夏季灌溉林地，秋末翻耕林地，破坏越夏、越冬化蛹场所。

(2) 物理防治　成虫期在果园内架设黑光灯诱杀雄成虫。

(3) 人工防治　雌成虫始见期在寄主树种的树干地茎处捆绑塑料薄膜裙或环，阻止其上树产卵；幼虫期摇动树冠，震落幼虫，扫集杀灭。

(4) 生物防治　保护和利用尺蠖脊茧蜂*Rogas* sp.、裸眼琶寄蝇*Palesisa nudioculata* Villeneuve、茹蜗寄蝇*Voria ruralis* Fallen、蛛步甲*Dyschirius* sp.、斜纹猫蛛*Oxyopes sertatus* L. koch等天敌。也可喷洒春尺蠖核型多角体病毒，当病毒粒子浓度为1.25×10^{10}PIB/mL时，施药量为150mL/hm^2。喷洒时加水2500倍稀释液，喷洒量1500kg/hm^2。也可喷洒 16 000IU/mgBt可湿性粉剂，施药量为1500g/hm^2，兑水100kg。2~3龄幼虫占50%时开始喷洒，喷洒时应按150g/hm^{2}加入粉末状活性炭体为光保护剂。

(5) 化学防治　成虫始见期刷毒环15cm宽，防止成虫上树。毒环药剂配方：1份10%氯氰菊酯乳油、20%氰戊菊酯乳油或2.5%溴氰菊酯乳油加25份柴油即可。在幼虫3龄前喷洒20%灭幼脲III号，用药量为180g/hm^2，兑水100kg、1.2%烟参碱乳油、0.3%印楝素乳油1000～3000倍液，喷洒量为1500kg/hm^2。在春尺蠖虫口密度大，危害严重的区域应用10%氯氰菊酯乳油、20%氰戊菊酯乳油或2.5%溴氰菊酯乳油2000～3000倍液喷雾防治。

当虫害发生面积大、危害严重时，可用农用飞机进行低容量或超低容量喷雾防治。低容量喷洒可适用的药剂如16 000IU/mgBt可湿性粉剂、春尺蠖核型多角体病毒制剂，超低容量喷洒可选用0.3%印楝素乳油、1.2%苦参烟碱乳油、16 000IU/mgBt油剂等。低容量喷洒药液量为30～40.05kg/hm^2，超低容量喷洒药液量为4.5～5.25kg/hm^2。

（二）梦尼夜蛾

1. 寄主、分布与危害

梦尼夜蛾*Orthosia incerta*（Hüfnagel）属鳞翅目夜蛾科。分布于新疆、黑龙江、吉林等地。以幼虫危害苹果、山楂、海棠、李、梨、核桃等多种果树及白腊、复叶槭、刺槐、多种杨树、柳树、榆树等。可取食寄主芽、叶、花被等。

2. 识别特征

◎ 图2-9　梦尼夜蛾成虫

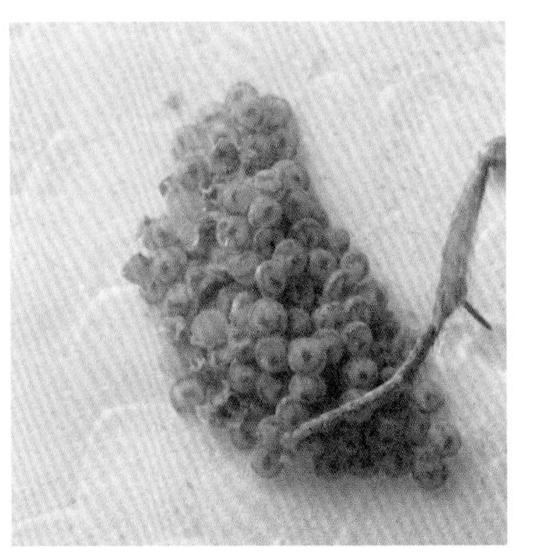

◎ 图2-10　梦尼夜蛾卵

(1) 成虫 体长18～21mm，翅展41～44mm。雌蛾触角为丝状，雄蛾为双栉齿状。复眼灰黑色，有黑斑，周围有黑色绒毛。头胸部及前翅为灰棕色，翅脉上散生黑点，前翅近前缘外鳞片灰白色，环纹和肾纹棕黑色，亚端绒灰黄色，内衬棕黑色边，端线内侧有小黑点1列。后翅淡褐色，中室有黑斑1个，但有的不明显(图2-9)。

(2) 卵 扁圆球形，径长0.9～1.0mm。卵壳有放射状脊纹(图2-10)。

(3) 老龄幼虫 体长43.0mm左右，黄绿色或灰绿色(图2-11)。

(4) 蛹 被蛹，体长19.0mm左右，宽7.5mm，红褐色。蛹体末端有一短粗突起，突起上着生2根较细的“八”字形臀棘(图2-12)。

◎ 图2-11　梦尼夜蛾老熟幼虫

◎ 图2-12　梦尼夜蛾蛹

3. 发生危害规律与习性

1年发生1代，以蛹在0～10cm较潮湿的土壤中越夏、越冬。春季出蛰比春尺蠖晚1周左右，在新疆天山中部3月中下旬土壤刚解冻，平均气温5℃时越冬蛹开始羽化为成虫并交尾产卵。卵成堆产在枝条、树干的疤痕处和叶痕处。每头雌虫产卵量400粒左右。4月中旬孵化，幼虫有6龄。1~2龄幼虫生活在叶背，几头幼虫吐丝粘连几片新叶在其中取食叶肉危害，残留上表皮；3龄后分散、裸露在叶片上啃食危害。4龄后幼虫食量大增，将叶片食成缺刻、孔洞，甚至食光。5月下旬以后陆续化蛹，进入越夏直至越冬。幼龄幼虫有吐丝下垂习性。大面积发生时种群数量增长非常迅速，梦尼夜蛾已成为新疆许多林果及园林绿化树种的主要暴食性害虫(图2-13、图2-14)。

4. 防治措施

(1) 物理防治 灯光诱杀成虫。运用黑光灯或频振式杀虫灯，在3月中旬至3月下旬成虫羽化

◎ 图2-13　梦尼夜蛾成虫交尾

◎ 图2-14　梦尼夜蛾危害梨嫩芽

期进行固定灯源和活动灯源诱杀成虫，以减少卵量。

糖浆诱杀成虫。糖浆配制：用食糖6份、醋3份、酒1份、水10份，加总量0.1%的农药。糖浆盘制作：选粗细适中，长约25cm木棍4根插入土中，使它们位于一个边长30cm左右的正方形的4个顶点上，地面上留10～15cm，再用绳将裁好的40cm×40cm方形塑料薄膜四角系在4根木棍上，使之成浅兜状，然后将配好的糖浆倒入，每盘倒150～250g。设置数量以45盘/hm^2为好，可在林地内按相距15m的棋盘式方式设置，以便于操作与观察统计。设置应在3月20日梦尼夜蛾羽化前完成，糖浆诱杀要持续到成虫全部羽化，大约要到4月15日左右结束。在诱杀期间要定期统计诱捕到的梦尼夜蛾数量和性比，然后将虫体清除。要注意补充盘内的糖浆和修复损坏的糖浆盘。

(2) 人工防治　每年夏、秋季节在害虫高发地带组织人工管护，翻地灭蛹。

(3) 生物防治　利用鸟类和青铜婪步甲*Harpalus aeneus* Fabricius、夜蛾绒茧蜂*Apanteles congestus* Nees、伏虎茧蜂*Meteorus rubens* Nees、红方室茧蜂*Meteorus ruben* Nees、纹内茧蜂*Rogas rugulosus* Nees、大铗姬蜂*Eutanyacra* sp.、长尾姬蜂*Ephialtes* sp.、夜蛾瘦姬蜂*Ophion luteus* L.、红腰泥蜂*Ammophild aemulans* Kohr、角马蜂*Polistes antennalis* Perez、迷宫漏斗蛛*Agelena labyrinthica* (Clerck)以及病源微生物等天敌。

(4) 药剂防治　幼虫发生初期喷洒无公害药剂，可用生物制剂如Bt乳剂或0.3%印楝素乳油、20%除虫脲悬浮剂2500～3000倍液、25%灭幼脲III号悬浮剂1500～2000倍液进行喷雾防治。在虫害大面积发生时，可采用飞机喷洒防治。

（三）黄褐天幕毛虫

1. 寄主、分布与危害

黄褐天幕毛虫*Malacosoma neustria testacea* Motschulsky又称天幕枯叶蛾，属鳞翅目枯叶蛾科。

黄褐天幕毛虫南北疆均有分布，北疆多于南疆；另外还分布于黑龙江、吉林、辽宁、北京、河北、山东、江苏、安徽、河南、湖北、江西、湖南、四川、陕西、甘肃、内蒙古、山西等地。危害梨、苹果、桃、李、杏、核桃、樱桃、杨、榆等树种。1～3龄幼虫吐丝结网，群集网幕中取食叶片，4龄幼虫开始分散危害，被害叶片最初呈网状，以后呈现缺刻或只剩下叶脉和叶柄。

2. 识别特征

(1) 成虫　雌蛾翅展29～39mm，雄蛾翅展24～33mm。雌蛾体、翅褐色，腹部色较深，前翅中央有1条褐色宽带，外侧有淡黄褐色横线纹；后翅淡褐色，斑纹不明显。雄蛾全体黄褐色，前翅中央有2条深褐色横线纹，两线间颜色较深，呈褐色宽带，宽带内外侧均衬以淡色斑纹；后翅中间呈不明显的褐色横线(图2-15)。

(2) 卵 椭圆形，灰白色，顶部中间凹下，卵聚产于小枝上，呈“顶针”状(图2-16)。

(3) 幼虫 老熟幼虫体长约为55mm，头部蓝灰色，有深色斑点。体侧有鲜艳的蓝灰色、黄色或黑色带。体背面有明显的白色带，两边有橙黄色横线，气门黑色，体背各节具黑色长毛。胴部11节上有一暗色突起(图2-17)。

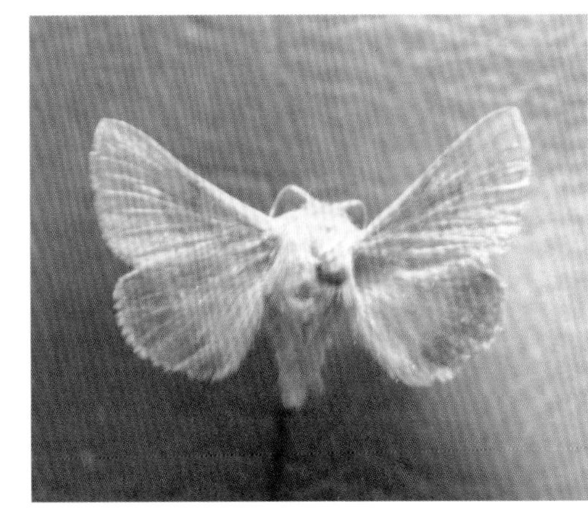

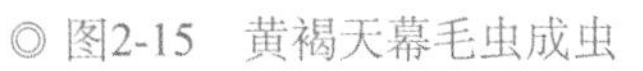

◎ 图2-15 黄褐天幕毛虫成虫

◎ 图2-16 黄褐天幕毛虫卵块

(4) 蛹 体长13～20mm。黑褐色，有金黄色短毛。茧灰白色，丝质双层(图2-18)。

◎ 图2-17 黄竭天幕毛虫幼虫

◎ 图2-18 黄竭天幕毛虫蛹及茧

3. 发生危害规律与习性

1年发生1代，以卵在寄主枝条上越冬。越冬卵于第二年3月下旬当树芽膨大时孵化，幼虫期约1.5个月，至5月下旬连缀叶片结茧化蛹，蛹期15～16天。成虫于6月上旬开始羽化，交尾、产卵后，以卵越冬。天幕毛虫6月在卵内已发育成幼虫，但并不孵化破壳而出，而以1龄幼虫在卵内滞育越夏和越冬。

幼虫活动期，有群聚吐丝结网习性。初孵幼虫群聚卵壳附近，结网建巢网缀枝叶，在网巢内为害芽及嫩叶，幼虫一般多在晚上活动取食。幼虫每蜕一次皮后，即在原有基础上再吐丝扩建一层丝巢，将蜕、虫粪及残留叶脉等包藏其中，最后在果树枝叶间形成越来越大的巢幕，故名“天幕毛虫”。老熟幼虫分散活动，将叶片连缀起来，在内吐丝结茧化蛹。蛹茧两层，外层松软，内层较坚韧(图2-19、图2-20)。

成虫羽化后，即可交尾产卵。产卵时寻粗细适中的细枝条，将卵整齐环状排列成块，像一个“顶针”，故俗名“顶针虫”。每只雌蛾产卵100～400粒，产卵1天后雌蛾死亡。

◎ 图2-19　黄竭天幕毛虫幼虫在枝条上结网幕

◎ 图2-20　黄竭天幕毛虫危害状

4. 防治措施

(1) 人工防治　在冬季修剪果树时彻底剪除枝梢上越冬的卵块，集中烧毁。发现幼虫在树上结网幕，可在幼虫分散以前及时进行捕杀。对分散后的幼虫可进行振树捕杀。

(2) 物理防治　成虫具有强烈的趋光性，可利用诱虫灯诱杀成虫。

(3) 生物防治　要保护和利用好松毛虫赤眼蜂*Trichogramma dendrolimi* Matsumura、天幕毛虫黑卵蜂*Telenomus terbraus*（Ratzeburg）、天幕毛虫绒茧蜂*Apanteles solitarius* Ratzeburg、枯叶蛾绒茧蜂*Apanteles lipanidis* Bouche等幼虫的寄生性天敌。幼虫出壳后和分散为害前，用Bt乳剂1000倍液，青虫菌粉剂800倍液进行防治。

(4) 化学防治　可用90%晶体敌百虫1000倍液、20%氰戊菊酯乳油3000倍液、1.2%苦参碱乳油1000倍液、0.3%印楝素乳油2000～3000倍液或25%灭幼脲III号悬浮剂2000倍液。

（四）苹果巢蛾

苹果巢蛾（*Yponomeuta padella* Linnaeus）又称苹果巢虫、网虫、苹果黑点巢虫，属鳞翅目巢蛾科。

1. 寄主、分布与危害

苹果巢蛾南北疆均有分布，北疆多于南疆；还分布于黑龙江、吉林、辽宁、河北、山东、陕西、甘肃、青海、内蒙古、山西等地。主要危害苹果、海棠，也危害梨、杏、樱桃等树种。以幼虫危害叶片和花器，初龄幼虫取食嫩叶或花瓣，老龄幼虫暴食叶片，大发生时可将全部树叶吃光，不仅造成当年果实不能成熟而干枯脱落，而且还会影响翌年花芽形成。

◎ 图2-21　苹果巢蛾成虫

2. 识别特征

(1) 成虫　体长9～10mm，翅展19～22mm，头部、下唇须、胸部及腹部白色；胸部背面有5个黑点。前翅白色稍带灰色，尤其是前缘中部附近为灰白色。前翅上有40个左右的黑点，除翅端区约有10～12个小黑点外，其余大致分3行排列，近前缘有1行，近后缘两行比较规则。外缘缘毛灰褐色。后翅灰褐色(图2-21)。

(2) **卵** 扁椭圆形，稍扁，长约0.6mm，表面具有纵条纹4～5条，鱼鳞状排列，块状。初产卵为灰黄色，2～3天后变为紫红色，最后变为灰褐色。新产的卵块上覆有红褐色的黏性分泌物，干后形成卵鞘。

(3) **幼虫** 初孵幼虫体污黄色，头黑色。老熟幼虫体变为灰褐色；体长18～20mm，头部、前胸背板、胸足、臀板及腹足均呈黑色。腹部各节背面各具1对大型黑斑，刚毛和毛片黑色（图2-22）。

(4) **蛹** 体长10～12mm，胸宽2.5mm。化蛹前不完全集中到一处化蛹，而分散于整个丝巢内结很薄的茧，初化蛹时，头部、触角及翅芽为黄色，胸部及腹部为绿色，成熟蛹为黑褐色。

◎ 图2-22 苹果巢蛾幼虫

3. 发生危害规律与习性

苹果巢蛾属于专性滞育的害虫，在新疆1年发生1代，以初孵幼虫潜伏在枝条上的卵鞘下越夏越冬。在伊犁州越冬幼虫4月中旬开始出壳危害。苹果树物候期为苹果花芽开放到花序分离之时。

越冬后的幼虫从卵鞘的一端开个小孔钻出开始危害。遇早春乍寒时，出蛰幼虫还可再度潜入卵鞘内。出蛰幼虫成群地将嫩叶用丝网在一起，取食叶肉、留下表皮而干枯。小幼虫在干枯而卷曲的叶内栖息。稍大后于枝梢处吐丝结网形成虫巢，在巢内为害，吃光后转移到别的枝梢结新巢继续为害。老熟幼虫在巢内吐丝结薄茧化蛹。成灾年份，也有在林果树附近的杂草内结网化蛹的。成虫白天多栖息于叶片下。晚间，特别是清晨5～6点钟作短距离飞翔和交尾。雌蛾飞翔能力较差。每只雌蛾能产卵1～3块，大部分卵块产在2年生表皮光滑的枝条上，而又以枝条下面靠近花芽和叶芽的附近较多；1年生和3年生枝条上很少产卵。树上卵块分布以上部枝条卵块较多，中部次之，下部最少（图2-23）。

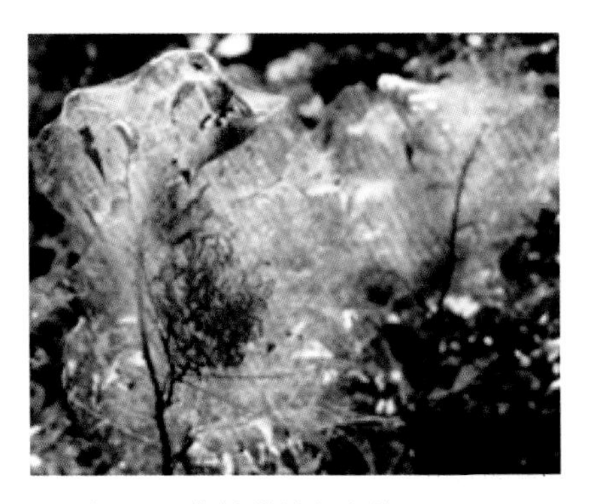

◎ 图2-23 苹果巢蛾危害状

幼虫共5龄。各龄龄期4～12天，平均9天。幼虫取食危害约43天，于5月下旬至6月初陆续化蛹。预蛹期3天，蛹期约11天。6月中旬为羽化盛期，产卵延至7月上旬结束。早期所产卵块于7月初陆续孵化，卵期约13天。即以此第一龄幼虫在卵鞘下越夏、越冬。1龄幼虫期长达9～10个月。

4. 防治措施

(1) **人工防治** 苹果花芽开放时开始检查，发现越冬幼虫拉丝营巢时，清除虫巢集中烧毁。结合夏季修剪，剪除枝上的卵块。

(2) **化学防治** 秋季果树落叶后或早春发芽前，喷洒5波美度石硫合剂杀未出卵鞘的幼虫。越冬幼虫大量出鞘、尚未潜入嫩叶时，物候是苹果花芽开放至花序分离期，喷洒1.2%苦参烟碱乳油1000倍液、0.3%印楝素乳油2000～3000倍液、25%天幼脲悬浮乳剂2000倍液、90%敌百虫晶体

1500倍液或20%氰戊菊酯乳油2000倍液。

（五）斑翅棕尾毒蛾

1. 寄主、分布与危害

斑翅棕尾毒蛾*Euproctis karghalica* Moore，别名缀黄毒蛾，属鳞翅目毒蛾科。

国内分布于新疆、黑龙江。在新疆南北疆均有分布。寄主树种有杏、苹果、桃、梨、沙枣、桑、杨、柳、山楂等。偏食杏树。幼虫咬食芽苞和叶片，严重影响树木生长和导致林果减产，甚至绝收。

◎ 图2-24　斑翅棕尾毒蛾成虫

2. 识别特征

(1) 成虫　体白色，体长15～20mm，翅展31～41mm。雌蛾体粗壮，腹末有一团黄褐色绒毛；雄蛾体较瘦小，呈毛笔状，绒毛较少。前翅中室顶部横脉上有一较大的棕黄色圆斑，上布黑色鳞片，外缘有一排7～8个不规则黄褐色斑点；后翅全白色，无斑点(图2-24)。

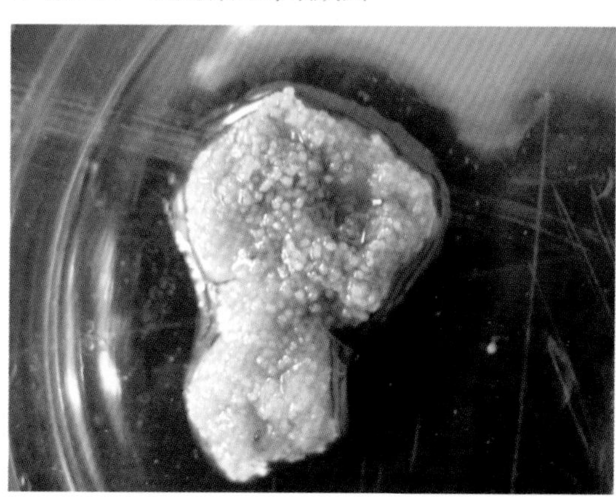

◎ 图2-25　斑翅棕尾毒蛾卵块

(2) 卵　扁圆形，宽0.7～0.8mm，橘黄色。卵块成堆，上覆棕黄色绒毛(图2-25)。

(3) 幼虫　老龄幼虫体长30～35mm，头扁圆，棕黄色，胸部及各体节上的瘤突和气孔周围密生黄色毛丝，背面黄褐色，第4、5、11体节背部黑色，腹部各节上方两边各有1个棕黑色瘤突，各体节的瘤突间有黑斑连接，形成2条黑色纵带，背部两侧各节亦各有一稍小的瘤，第6、7腹节背部中央各有一红色肉瘤，为翻缩腺(图2-26)。

◎ 图2-26　斑翅棕尾毒蛾幼虫

(4) 蛹　体长15～20mm，深褐色，长圆形，位于灰色而疏松的丝茧中。

3. 发生危害规律与习性

1年发生1代，以2～3龄幼虫在树皮裂缝、枝杈处、树干基部或卷叶内群聚几十条甚至几百条，结丝网巢越冬。南疆于翌年3月中下旬开始爬出巢外活动并危害芽苞，4月中旬是危害盛期，4月下旬老熟幼虫爬至树干裂缝及附近结薄茧化蛹，蛹期15～20天；5月中旬成虫开始羽化，交尾产卵；5月下旬孵化，幼虫蜕皮1～2次后于9月中旬陆续停食开始结丝巢越冬。

成虫喜在黄昏后活动，有趋光性和假死性，夜间交尾，每次历时1～2小时，交尾后1天即可产卵。卵多产在叶片背面，边产卵边用尾部末端的绒毛覆盖其上，最后成卵块。产卵期1～3天，卵块形成小长条，约有卵100～300粒。成虫寿命7～10天。

卵期18～20天，5月下旬开始孵化，初孵幼虫仅取食叶肉，食量很小，1龄幼虫历期10左右，危害不明显；以2～3龄幼虫滞育达5～6个月之久。翌年3月越冬幼虫爬出丝巢暴食芽苞及嫩叶，危害最重。取食活动多在早晚，白天群聚不食不动，幼虫如遇刮风降温又群聚一起，停食不动。耐饥力强，能维持20多天。春季幼虫蜕皮3次，3～4龄幼虫历期30天左右，4～5龄历期10天左右。

4. 防治措施

(1) 人工防治 当幼虫群聚在丝巢内越冬时，结合冬、春季两季整枝修剪摘除丝巢，集中烧毁。

(2) 物理防治 成虫羽化期利用黑光灯诱杀。

(3) 生物防治 保护利用次生大腿小蜂*Brachymeria secundaria*（Ruschka）、脊腿匙鬃瘤姬蜂*Theronia atalantae gesator* Thunberg、舞毒蛾黑瘤姬蜂*Coccygomimus disparis*（Viereck）、毒蛾内茧蜂 *Rogas lymantriae Watanabe*、斑翅棕尾毒蛾茧蜂 *Microplitis* sp.、毒蛾绒茧蜂 *Glyptapanteles liparidis*（Bouche）等天敌昆虫。

(4) 化学防治 用1.2%苦烟乳油1000倍液、0.3%印楝素乳油2000倍液、25%灭幼脲III号悬浮剂2000倍液、20%氰戊菊酯乳油2000倍液或2.5%溴氰菊酯乳油2000～3000倍液喷雾防治。

（六）枸杞负泥虫

1. 寄主、分布与危害

枸杞负泥虫*Lema decempunctata* Gebler别名十点叶甲，属鞘翅目叶甲科。

国内分布于新疆、宁夏、河北、山东。主要危害枸杞。

2. 识别特征

(1) 成虫 体长5.6mm，头胸狭长，鞘翅宽长。触角黑色，棒状，复眼大，突出两侧。头及前胸背板黑色，有金属光泽，并有细刻点密布。前胸背板长圆筒形，两侧中央缢入，背面中央近后缘处有一凹陷。鞘翅黄褐色，有粗大刻点纵列，一般有黑点10个，故亦名十点叶甲，但亦有2个、4个、6个、8个或全无黑点者。足黄色，基节、转节、腿节的两端及爪黑色(图2-27)。

(2) 卵 橙黄色，长圆形(图2-28)。

◎ 图2-27 枸杞负泥虫成虫

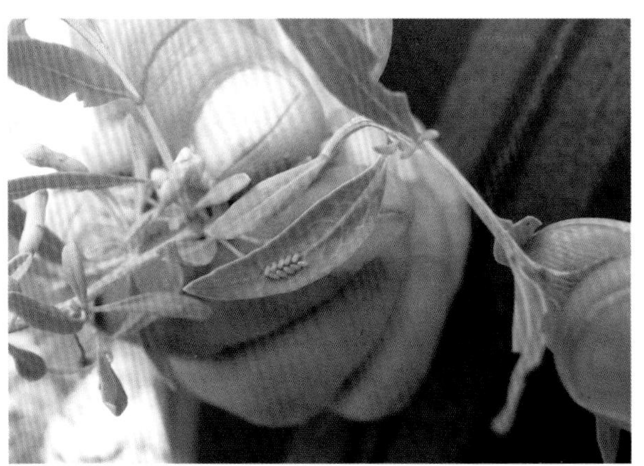
◎ 图2-28 枸杞负泥虫卵

(3) 幼虫 体长7mm，灰黄色，头黑色有光泽，前胸背板黑色，胴部各节背面有两横列细毛。胸足3对，腹部各节的腹面有吸盘1对，用以使身体紧贴叶面(图2-29)。

(4) 蛹 体长5mm，淡黄色，腹端有刺毛2根。

3. 发生危害规律与习性

枸杞负泥虫在新疆精河县每年发生6代，以成虫于11月上旬在枯枝落叶下越冬。翌年4月底5月初越冬成虫开始活动，5月上旬为产卵高峰，成虫产卵期很长，有明显的世代重叠，5月中旬至9月中旬在大田里卵、幼虫、成虫等各虫态均可见。该虫完成1代最短18天，最长40天。

◎ 图2-29 枸杞负泥虫幼虫

成虫白天活动，有假死性。在1天当中的任何时间都有羽化的，羽化出土前的成虫在土中发出“吱吱”声，羽化后10分钟左右即取食叶片，经2～3天取食补充营养后开始交尾，交尾后2小时产卵，一天可产卵2～46粒。成虫一生多次交尾、产卵。据饲养观察，越冬代成虫产卵期5月5日至7月31日，共88天，平均产卵量728粒，越冬代成虫寿命20～100天。

卵块呈“人”字形排列，多产在叶片背面，每块卵最少4粒，最多18粒，平均10粒。受精卵孵化前端部变黑，未受精卵不能孵化。

◎ 图2-30 枸杞负泥虫危害状

幼虫共4龄，初孵幼虫离开卵壳后即在附近群集取食叶片，2龄以后分散取食，3龄食量增大，4龄幼虫的食叶量占整个幼虫期食叶量的70.9%。幼虫取食叶片成孔洞或缺刻状，严重时仅剩叶脉。幼虫背负其排泄物，老熟幼虫背上无排泄物，静止1小时左右，然后入土化蛹(图2-30)。

老熟幼虫入土2～6cm深处吐一种白色黏稠物黏土粒做土茧，在内化蛹。预蛹期2～3天，蛹期10～20天。

4. 防治措施

(1) 人工防治 在每年晚秋和早春时深翻土地收集蛹和越冬成虫，减少虫口基数。

(2) 生物防治 保护利用闪绿通缘步甲*Pterostichus* sp.、青铜婪步甲*Harpalus aeneus* Fabricius、云纹虎甲*Cicindela elisae* Motsumura、蠋蝽*Arma chinensis* Fallou、伏刺猎蝽*Reduvius testaceus* Herrich-Shaeffer等天敌昆虫。

(3) 化学防治 成虫和幼虫期喷洒2.5%功夫乳油2000倍液、20%氰戊菊酯乳油2000倍液（或2.5%溴氰菊酯乳油2000～3000倍液）进行防治。

（七）果苔螨

1. 寄主、分布与危害

果苔螨*Bryobia rubrioculus* (Scheuten)在我国西北地区都有发生。寄主树种有苹果、梨、桃、杏、樱桃、沙果等。果苔螨主要危害寄主植物的叶子、芽、花蕾和幼果。芽被害后多枯黄变色，严重时枯焦，死亡；叶片被害后失绿呈苍白斑点，全叶变成黄绿色，严重时会大量落叶；幼果被害后常干硬，不能正常生长，成锈果。该螨早期在树冠中、下部发生较严重，以后逐步转移到树冠的中、上部危害。

2. 识别特征

(1) 卵 圆球形，深红色，表面光滑。越冬卵暗红色，夏卵颜色稍浅。

(2) 幼螨 初孵幼螨橘红色，取食后为绿色，足3对。

(3) 若螨 体躯椭圆形，足4对，体色褐色，取食后变绿色。前期若螨体长0.3mm，后期若螨0.4～0.5mm。

(4) 雌性成螨 体长0.6mm，体宽0.5mm。体椭圆形，体背扁平。体褐红色，取食后为深绿色。体背有明显的波状横皱纹，身体周缘有明显的浅沟。体背中央两排纵列扁平的叶片状刚毛。身体前端具4个叶点，叶点上有扇状刚毛。足4对，褐色，第1对足特别长，超过体长（图2-31、图2-32）。

◎ 图2-31　果苔螨成螨及其危害状

◎ 图2-32　越冬状态的果苔螨

3. 发生危害规律与习性

果苔螨在新疆伊犁地区1年发生3～4代，在库尔勒等南疆地区1年发生3～5代。以卵在主、侧枝阴面裂缝、短果枝叶痕处、叶芽附近及枝条分叉皱褶处越冬。严重发生时，果实萼洼处及果柄处也会找到越冬卵。

翌年春，当日平均气温7℃时，越冬的卵开始孵化，盛孵期一般在花蕾出现至初花期，落花后越冬卵基本孵化完毕。初孵幼螨群集在芽苞和嫩叶上危害，在日平均气温10～13℃时，幼螨发育历期15天，前期若螨历期7～8天，后期若螨历期7～8天。当年第一、二、三代卵多产在果枝、果柄、果苔等处，幼螨孵化后集中在叶面基部危害。

当日平均气温23～25℃时，当年第一、二、三代卵历期9～14天，幼螨历期4～6天，前期若螨历期3～4天，后期若螨历期3～5天，雌性成螨寿命25天左右。1年出现两次孵化高峰期，第一个高峰期即越冬卵孵化高峰期是果树初花期，第二个高峰期在6月中旬；这两次高峰期是防治果苔螨的关键时机。果苔螨危害盛期在6月下旬至7月中旬，有世代重叠现象。果苔螨繁殖方式为孤雌生殖，至今未发现雄性成螨。单雌产卵量最多不超过33粒。雌性成螨性情活泼，爬行迅速，喜欢在光滑、绒毛少的叶片上取食。果苔螨早期在树冠中下部发生较重，以后逐渐分布于中上部。无结网习性(图2-33、图2-34)。

◎ 图2-33　果苔螨危害叶片

◎ 图2-34　果苔螨危害幼芽

4. 防治措施

(1) 营林防治　在果树休眠期修剪时，刮除老粗皮和翘皮，集中烧毁，消灭越冬卵，降低虫口基数和发生危害程度。

(2) 生物防治　要保护和利用深点食螨瓢虫*Stethorus punctillum* Weise、异色瓢虫*Harmonia axyridis*（Pallas）、连斑毛瓢虫*Scymus quadrivulneratus mulsant*、大草蛉*Chrysopa septempunctata* Wesmael、双刺胸猎蝽*Pygolampis bidentata* Goeze等螨类的天敌昆虫，利用人工助迁和严格控制农药使用量，发挥天敌的自然控制作用。

(3) 化学防治　早春日平均气温达到7℃，花蕾出现到初花期，越冬卵孵化盛期是第一次喷药的有利时机。第二次喷药的有利时机是在6月中旬当年第一代卵孵化盛期。可选用以下药液：45%晶体石硫合剂300倍液、5%尼素朗乳油2000倍液、15%扫螨净乳油2000倍液、10%天王星乳油4000～5000倍液、20%螨卵酯可湿性粉剂800～1000倍液。

（八）李始叶螨

1. 寄主、分布与危害

李始叶螨*Eotetranychus pruni* (Oudemans)主要发生在我国西北地区，特别是甘肃、新疆发生较重。寄主树种有苹果、海棠、梨、酸梅、杏、桃、核桃、葡萄、红枣、沙枣、杨柳等。李始叶螨刺吸寄主植物花芽、嫩梢和叶片汁液，吸取营养，造成花芽不能开绽，嫩梢萎蔫，叶片失绿成黄绿色，被害叶片一般不脱落，导致寄主植物生长衰退，影响果实的产量和质量。

2. 识别特征

(1) **成螨** 雌螨体长0.27mm，体宽0.15mm。长椭圆形，体黄绿色，沿体侧有细小黑斑。须肢端感器柱形，长为宽的2倍；背感器枝状，长为端感器的2/3。口针鞘前端圆形，中央无凹陷。气门沟末端稍微弯曲，呈短钩形。第一对足的跗节双毛近基侧有5根触毛和1根感毛；胫节具9根触毛和1根感毛。第2对足的跗节双毛近基侧有3根触毛和1根感毛，另有1根触毛在双毛近旁；胫节具8根触毛。第3对和第4对足的跗节各有10根触毛和1根感毛；胫节各有8根和7根触毛。雄螨体长0.2mm，体宽0.12mm。须肢端感器长柱形，其长约为宽的4倍；背感器长约为端感器的1/2。第1对足的跗节双毛近基侧具4根触毛和3根感毛；胫节具9根触毛和2根感毛。第2对足的跗节双毛近基侧具3根触毛和1根感毛，另有1根触毛在双毛近旁；胫节具8根触毛。第3、4对足的跗节和胫节的毛数同雌螨。

(2) **幼螨** 体近圆形，长径0.17mm。足3对，各节均短粗。

(3) **若螨** 体为椭圆形，体色淡黄绿色。体背两侧有褐色斑纹3块，前期若螨体长0.22mm。

(4) **卵** 圆形，直径约0.11mm。顶端有1根细长的柄，柄长与卵长相等。初产时晶莹透明，后逐为淡黄至橙黄色，临近孵化时透过卵壳可见2个红色眼点。

3. 发生危害规律与习性

李始叶螨在新疆南疆地区1年发生11～12代，在北疆地区1年发生9代，均以受精后的雌成螨在树干和主侧枝树皮裂缝、伤疤、翘皮下以及树干基部土缝中和枯枝落叶下越冬。翌年3月中下旬苹果芽膨大期开始出蛰危害花芽和叶芽。4月上旬苹果花芽绽放、叶芽展叶期是李始叶螨越冬雌螨危害盛期。第一代卵出现在4月上中旬，界限明显。以后各代出现世代重叠现象。7月中旬至8月中旬种群数量大增，是全年危害高峰期。8月中旬之后种群数量下降。最后1代受精雌螨于10月中下旬陆续进入越冬场所，开始越冬。李始叶螨繁殖方式，既行两性生殖，又行孤雌生殖。雌螨一生交尾1～3次。雌螨产卵量平均60粒左右，雌螨卵前期2.5天左右，产卵期25天左右，成螨寿命28天左右。卵历期4～9天，幼螨历期2～4天，若螨历期3～9天。雌螨有在叶背结网习性，并在叶背和网下产卵。李始叶螨适宜温度为24.5～25℃，最适相对湿度50%。

4. 防治措施

(1) **营林防治** 冬季刮除寄主老翘皮，清除园地枯枝落叶，集中烧毁。早春树干涂白。晚秋深翻树干基部周围土壤，以防治越冬雌成螨。

(2) **生物防治** 慎施农药，保护和利用深点食螨瓢虫*Stethorus punctillum* Weise、异色瓢虫 *Harmonia axyridis*（Pallas）、连斑毛瓢虫*Scymus quadrivulneratus* Mulsant、大草蛉*Chrysopa septempunctata* Wesmael、双刺胸猎蝽*Pygolampis bidentata* Goeze等天敌昆虫的自然控制作用。

(3) **化学防治** 化学防治的最佳时间应在叶螨增殖高峰出现之前，全年喷药3～4次即可控制李始叶螨危害。第一次喷药时间在3月中下旬至4月上旬，即果树花芽膨大至花芽绽放、叶芽展叶越冬雌螨出蛰盛期。第二次在5月上旬第一代卵孵化盛期。第三次选在第二代卵孵化盛期。第四次喷药在6月下旬防治第三、四代李始叶螨。可选用以下药液：45%晶体石硫合剂300倍液、5%尼素朗乳油1000～2000倍液、15%扫螨净乳油2000倍液、10%天王星乳油4000～5000倍液、20%螨卵酯可湿性粉剂800～1000倍液。

（九）苹果全爪螨

1. 寄主、分布与危害

苹果全爪螨*Panonychus ulmi* (Koch)也称榆全爪螨。寄主植物有苹果、梨、桃、杏、李、山楂、海棠、樱桃、红枣、葡萄、核桃、扁桃等果树和榆、槐、桑、椴等林木。该螨是林果业的重要害螨，国内分布于辽宁、河北、河南、山东、山西、内蒙古、陕西、甘肃、宁夏、青海、新疆、湖北、江苏等地，在新疆各地均有分布，在乌鲁木齐市危害较重。

◎ 图2-35　苹果全爪螨雌螨

◎ 图2-36　苹果全爪螨雄螨

2. 识别特征

(1) 成螨　雌螨体长0.38mm，体宽0.29mm。体圆形，背部隆起，侧面观呈半球形。体呈橘红色或暗红色。体背有13对白色刚毛，刚毛着生在黄白色的毛瘤上。体表有横皱纹。须肢端感器长略大于宽，端部微膨大；背感器约与端感器等长，小枝状(图2-35)。雄螨体长0.25～0.28mm。体呈橘红色。须肢端感器长宽略等；背感器小枝状，其长大于端感器(图2-36)。

(2) 卵　近圆形，顶部有一短柄，似洋葱状。直径0.13～0.2mm。夏卵橘红色，冬卵深红色(图2-37)。

◎ 图2-37　苹果全爪螨卵

(3) 幼螨　体长0.18～0.2mm。体色柠檬黄至橙红色。足3对。

(4) 若螨　足4对。前期若螨体长0.2～0.25mm，后期若螨体长0.25～0.3mm(图2-38)。

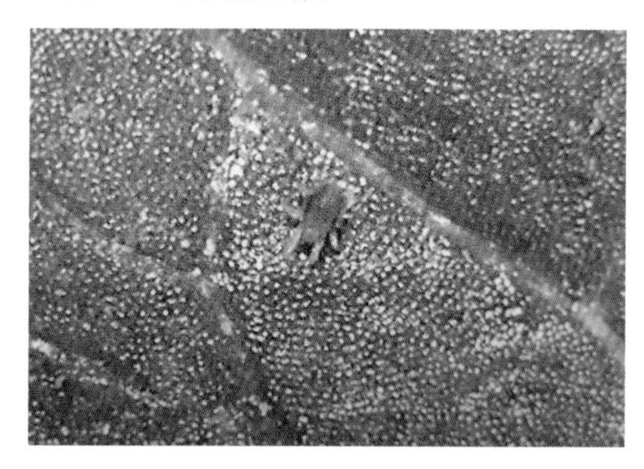

◎ 图2-38　苹果全爪螨若螨

3. 发生危害规律与习性

苹果全爪螨1年发生6～9代。以卵在寄主2～4年生的主侧枝、果苔枝、叶痕、果实萼洼等处越冬，以枝条阴面较多。当平均气温高于8℃（发育起点温度），有效积温达到50～55日度时，越冬卵开始孵化；当有效积温达到70日度时，达到孵化盛期；当有效积温达到100日度时卵孵化完毕。越冬卵孵化期非常集中，2～3天内即可达到孵化高峰，12天之内即可全部孵化。孵化盛期正是苹果花序分离期，这是化学防治的第一个关键时期。越冬代雌螨于5月中旬出现，正是苹果盛花期。第一代卵于5月下旬终花期达到高峰。落花后1周（5月底）正是第一代夏卵的盛孵期，这是化学防治的第二个关键时期。自第二代起，世代重叠现象逐渐严重，给化学防治带来一定困难。苹果全爪螨完成一代平均需要10～14天。既可两性生殖又能孤雌生殖。雌螨一生只交配1次，雄螨可多次交配。孤雌生殖产下的卵全部发育为雄螨，两性生殖产下的卵发育为雄、雌螨。各代雌螨生殖力和寿命不同，越冬代和第一代雌螨生殖力高于其他世代，如越冬代平均每雌产卵量67.4粒，平均寿命18.8天。最后世代生殖力最低，如第五代平均每雌产卵量11.2粒，平均寿命8天。苹果全爪螨越冬卵从8月中旬开始出现，9月中旬显著增多，9月底达到高峰。当螨体密度过大时，雌螨有吐丝扩散、迁移危害的习性。

4. 防治措施

(1) 营林防治 果园定植时，选择树种注意不要把苹果全爪螨的寄主树种混栽在一起。果园内不栽植榆树作行道树，以免招引和传播苹果全爪螨。

(2) 生物防治 保护和利用深点食螨瓢虫*Stethorus punctillum* Weise、异色瓢虫*Harmonia axyridis*（Pallas）、连斑毛瓢*Scymus quadrivulneratus* Mulsant、大草蛉*Chrysopa septempunctata* Wesmael，肩毛小花蝽*Orius niger* Wolff、塔六点蓟马*Scolothrips takahashii* Prisener等天敌昆虫，合理用药，发挥天敌的控制作用。

(3) 化学防治 加强预测预报，抓住苹果全爪螨越冬卵和第一代卵孵化盛期这两个关键时期。化学防治苹果全爪螨要做到适时防治，合理用药。可选用以下药液：45%晶体石硫合剂300倍液、5%尼索朗乳油1000～2000倍液、15%扫螨净乳油2000倍液、10%天王星乳油4000～5000倍液、20%螨卵酯可湿性粉剂800～1000倍液、1.8%阿维菌素乳油1500倍液、10%吡虫啉乳油1500～2000倍液。

（十）土耳其斯坦叶螨

1. 寄主、分布与危害

土耳其斯坦叶螨*Tetranychus turkestani*（Ugarov et Nikolski）分布于新疆；危害苹果、梨、李、葡萄等多种果树和农作物；成螨、若螨均集中在叶片背面危害，常造成叶片干枯脱落。

2. 识别特征

(1) 雌螨 体长0.45mm，包括喙体长0.54mm，体宽0.26mm。椭圆形，黄绿色。须肢端感器柱形，其长是宽的2倍；背感器短于端感器。口针鞘前端中央无凹陷。气门沟末端呈“U”形弯曲。后半体背表皮纹构成梭形图形。背毛正常。

(2) 雄螨 体长（包括喙）0.33mm，呈菱形，色较浅。须肢端感器与雌螨相似，较细长。雄性生殖器柄部弯向背面，形成一大型端锤，其近侧突起圆钝，远侧突起尖利，端锤背缘在距后端1/3处有一明显的角度。

(3) 卵 圆球形，初产卵光亮透明，呈珍珠状，近孵化时颜色加深，呈灰黄色(图2-39)。

(4) 幼螨 体圆形乳白色，长0.16mm（包括喙），宽0.12mm，足3对。

(5) 若螨 体椭圆形，长0.29mm，宽0.20mm。体灰黄或黄褐色，背面具黑斑，但生殖区无生

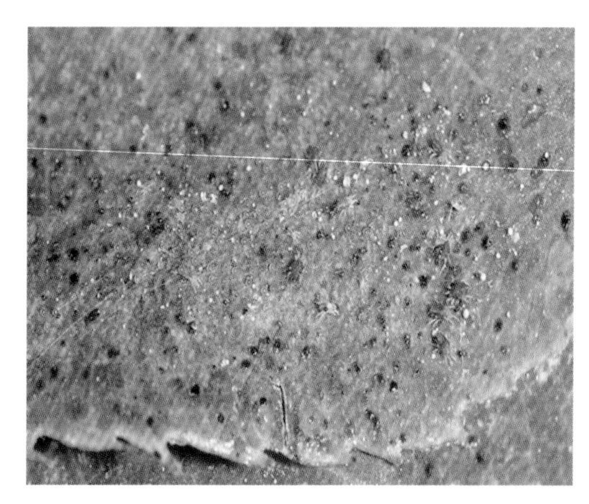

◎ 图2-39　土耳其斯坦叶螨成螨及卵

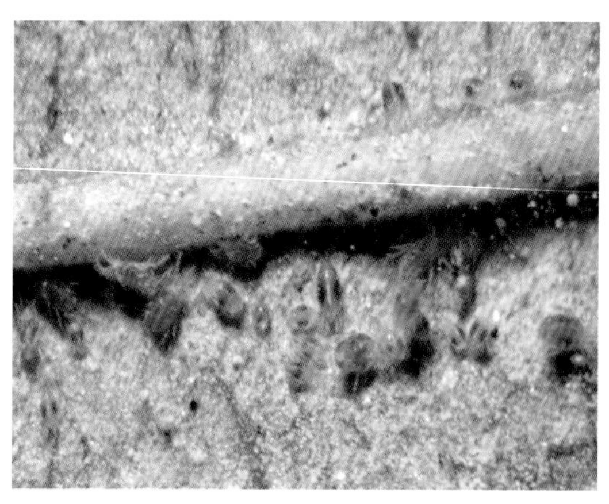

◎ 图2-40　土耳其斯坦叶螨成螨及若螨

殖皱壁，足4对(图2-40)。

3. 发生危害规律与习性

土耳其斯坦叶螨在新疆1年发生9～12代，而且世代重叠。在其生长发育期间，越夏型体色为黄绿、黄褐或墨绿色；越冬型体色逐渐变为橘红色，以橘红色受精雌成虫在树干和老树翘皮、根基周围的土缝、杂草根部和枯枝落叶下越冬(图2-41)；次年早春气温7～8℃时开始活动，并不断向幼枝、萌动的芽部移动，3月下旬至4月上中旬达到出蛰高峰。喜高温干旱的气候条件，6～8月高温干旱季节，完成1代仅需12～14天，4～5月或9～10月气温较低，完成1代需15～25天。产卵自3月下旬开始；第一代卵盛期在4月中下旬，7月中旬达到高峰。8月中旬后，夜间气温降低，土耳其斯坦叶螨向老树翘皮、果实萼洼处等隐蔽处转移。可进行孤雌生殖和两性生殖(图2-42)。

◎ 图2-41　树皮下的越冬螨

4. 防治措施

(1) 人工防治　人工诱杀越冬代成螨：8月中下旬树干基部捆绑废塑料布或卫生纸引诱越冬成螨，春季3月中旬在土耳其斯坦叶螨活动前解除，带出果园外集中烧毁。

(2) 物理防治　保持果园卫生，早春在越冬代雌成螨出蛰前，刮除树干上的老翘皮，并用石硫合剂原液涂抹树干。

◎ 图2-42　土耳其斯坦叶螨结的网丝

(3) 生物防治　保护和利用深点食螨瓢虫*Stethoris punctillum* Weise、塔六点蓟马*Scolothrips takahashii* Prisener等优势天敌。

(4) 化学防治　在越冬雌成螨出蛰期用5波美度的石硫合剂喷洒树体。落花后第一代幼螨孵化期用48%乐斯苯乳油2000～3000倍液叶面喷雾。夏季防治可选用0.3～0.5波美度的石硫合剂、

48%乐斯苯乳油2000～3000倍液、1.8%阿维菌素乳油1000倍液、10%吡虫啉（康福多）乳油1000倍液、20%哒螨灵乳油2500倍液、5%尼素朗乳油2000倍液、肥皂液（150～300g固体洗衣粉加入10 000mL温水、500mL酒精、1汤勺食盐溶解均匀即可）每7天喷1次，连喷2～3次。

（十一）枸杞瘿螨

1. 寄主、分布与危害

全疆危害枸杞的有两种瘿螨：枸杞刺皮瘿螨*Aculop lycii* Kang和白枸杞瘤瘿螨*Aceria pallida* Keifer。

国内分布于新疆精河、克拉玛依、石河子、乌鲁木齐、阿克苏及甘肃、宁夏。两种瘿螨区别见下表：

两种瘿螨的危害特点

种　类	生活型	危害特点
枸杞刺皮瘿螨	自由生活型，不形成瘤瘿，在叶片、嫩枝、花蕾上取食危害	以口器刺吸危害，被害叶片初期呈现灰绿色，继而呈现绿褐色，严重时，呈现灰褐色，同时叶片变厚变脆。到后期，整个叶片失绿，影响光合作用，会造成早期落叶和花蕾脱落，果实瘦小
白枸杞瘤瘿螨	非自由生活型，瘤瘿内寄生	以口器刺吸危害，危害后寄主形成瘿瘤，虫体在其造成的瘤状组织内吸取营养和水分，并繁殖。以危害枸杞叶片为主，也危害花蕾、嫩枝和萼片

2. 识别特征

枸杞刺皮瘿螨。夏雌螨体长170～180μm，胡萝卜形，淡黄或淡黄褐色。冬雌螨体长150～160μm，纺锤形，棕黄色。背盾板三角形，有前叶突，背中线不完整，仅有后端的1/2；侧中线呈波状，亚中线分叉，各纵线间有横线相连，构成网状饰纹。背瘤位于盾板后缘，足具模式刚毛，羽状爪单一，4支。生殖器盖片上有8～10条纵沟。

白枸杞瘤瘿螨。雌螨体长200～240μm，蠕虫形，淡黄褐色。背盾板近三角形，无前叶突，盾板上残存的侧中线在背瘤之间，在近盾板后缘形成弧形纹，其余纵线皆缺。羽状爪单一，生殖盖片光滑。

3. 发生危害规律与习性

白枸杞瘤瘿螨1年发生多代（代数不详），且世代交替。越冬雌螨于4月初叶展开时开始出蛰危害、产卵。孵化出若螨后，爬到叶背刺破叶背细胞，开始取食危害，4月下旬开始有少量瘤瘿出现，随气温升高，6月上旬瘿螨开始迅速繁殖、扩散，叶上的瘤瘿急剧增加，有的嫩枝已畸形扭曲，6月下旬至7月中旬达第一次危害高峰，叶片瘤瘿连片，叶片发硬，变脆，大大影响了光合作用和生理代谢，枝条顶部出现畸形扭曲。8月高温，第一批叶老化，瘤量下降，9月又有新的枝条抽出，瘿量又出现一次高峰，10月下旬少数雌螨爬出瘤瘿到鳞芽和裂缝处越冬，大多数螨随叶片枯死。在冬芽鳞片间和枝条上的裂缝处越冬的雌成螨死亡率很高，而在枝条上瘤瘿内越冬的雌成螨死亡率较低。白枸杞瘤瘿螨主要是借助风雨、昆虫传播。

枸杞刺皮瘿螨成螨在树皮缝隙、芽腋等处越冬。第二年4月中旬枸杞展叶后开始危害，4月下旬产卵，5月下旬至6月下旬为繁殖危害高峰，8月初发出新叶时出现第二次繁殖高峰，10月落叶后成螨转移到枝条裂缝内越冬。主要危害叶片。常集群密布于叶片吸取汁液，使叶片变为铁锈色而早落(图2-43、图2-44)。

◎ 图2-43 枸杞刺皮瘿螨危害状

◎ 图2-44 白枸杞瘤瘿螨危害状

4. 防治措施

(1) 营林防治 每年3月20日前做好果园清洁工作，及时清除枯枝落叶并集中烧毁，减少瘤瘿螨越冬基数；早春和秋末时结合整枝剪除当年徒长枝、过密枝、病虫枝，降低瘿螨越冬基数。夏季清除根蘖苗、萌蘖芽，提高植株生长势和抗虫性能，防止瘿螨滋生和扩散。

(2) 生物防治 要保护和利用七星瓢虫*Coccinella septempunctata* L.、隐斑瓢虫*Harmonia obscurosignata*（Liu）、普猎蝽*Oncocephalus plumicornis* Grm.、丽草蛉*Chrysopa formosa* Brauer、草皮逍遥蛛*Philodromus cespitum* Walckenaer等天敌，合理使用农药，提高其自然控制枸杞刺皮瘿螨和白枸杞瘤瘿螨的作用。

(3) 化学防治 早春瘿螨出蛰活动时可喷洒0.3～0.5波美度的石硫合剂或硫磺胶悬剂600～800倍液。

在瘿螨发生严重时，可选用苦参水剂1000倍液、5%敌杀死乳油4000倍液、6.78%爱诺螨清乳油1000倍液、30%虫螨齐克乳油1000倍液或20%扫螨净乳油1500～2000倍液喷雾防治。

第二节 枝梢害虫

（一）红枣大球蚧

1. 寄主、分布与危害

红枣大球蚧*Eulecanium gigantea* Shinji的寄主植物有红枣、扁桃、刺槐、榆、苹果、梨、杏、桃、葡萄、文冠果、胡杨、侧柏、朝鲜槐、紫穗槐、野蔷薇、铃铛刺等20多种乔灌木，以枣、刺槐、榆受害最重，是果树林木的枝梢和叶部的重要害虫。它以若虫和雌成虫刺吸寄主的汁液，轻者受害树木生长衰弱，重者树木枝梢干枯甚至死亡。绿化林木受害后影响市容市貌。防护林受害后降低林木生长量和防护效能。果树受害后降低果品产量和质量，减少果农收入。

2. 识别特征

(1) **雌成虫** 雌介壳半球形，长径10mm左右，短径8.0mm左右，略向前倾斜。雌成虫红褐色，有整齐的灰黑色花斑，花斑图案为1条中纵带和2条锯齿状缘带，带间有8块棕红色斑点排列成行。介壳上有绒毛状蜡被。雌成虫死后介壳硬化，花斑和蜡被消失，体背除有个别凹陷外光滑锃亮，颜色由红褐色变为黑褐色。触角7节，第三节最长，第四节变细。足3对，足细小但分节明显，腿节短于气门盘直径，胫节为跗节的1.3倍，胫、跗节的关节不硬化。五格腺20个左右，在气门路上成不规则排列；多格腺在腹面中央，以腹部为密集；肛板2块，合成正方形，前后缘相等(图2-45)。

◎ 图2-45 红枣大球蚧雌成虫

(2) **雄成虫** 雄介壳长椭圆形，长径2.0～3.0mm，短径1.0mm，灰白色。雄性成虫头部黑褐色，前胸和腹部黄褐色，中、后胸红棕色。触角丝状共10节。前翅翅展5.0mm左右，白色，透明，膜质。后翅退化为小棍棒状。腹部末端有1根性刺和2根白色蜡丝。

(3) **卵** 卵藏于雌成虫介壳之下，卵白色或粉红色，椭圆形。孵化前卵的颜色为红褐色，卵的表面覆有白色蜡粉(图2-46)。

◎ 图2-46 红枣大球蚧卵

(4) **若虫** 1龄若虫为活动若虫，体色黄褐色，长椭圆形，体节分明，触角1对，足3对，有尾毛2根，背负白色介壳。2龄前期若虫为半固定若虫，体色淡黄色，白色介壳边缘有缘片14对，背部有2个前后排列的环状介点。2龄后期若虫体色黄褐色，体长可达1.3mm以上，背部有3个环状介点(图2-47、图2-48)。

(5) **雄蛹** 雄蛹藏于雄性介壳下，雄蛹长椭圆形，淡黄色至深褐色。雌虫无蛹期。

3. 发生危害规律与习性

红枣大球蚧在新疆1年发生1代，以2龄后期若虫在枝条上越冬。翌年3月下旬越冬若虫开始刺吸树木汁液。4月下旬在日平均气温16℃时越冬若虫雌雄形态分化，一部分越冬若虫在介壳下

◎ 图2-47　红枣大球蚧若虫

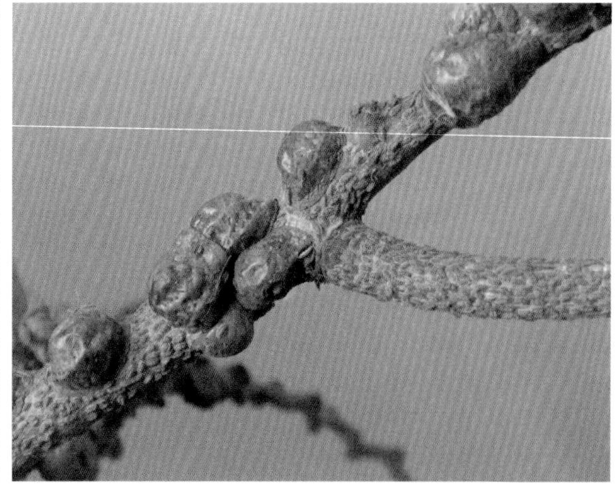

◎ 图2-48　红枣大球蚧越冬若虫及上代雌介壳

化蛹，以后羽化为雄虫；一部分越冬若虫发育为雌虫。雌成虫取食剧烈，虫体迅速膨大，由越冬期的长径1.3mm的长椭圆形膨大到长径10mm的半球形。4月底至5月初雄成虫羽化飞出介壳，寻找雌成虫交尾，交尾后雄成虫死亡。雌成虫在虫体膨大的同时不断分泌黏液。5月上旬为雌成虫产卵盛期，产卵量400～5000粒，卵直接产于雌成虫介壳之下。5月中旬为卵的孵化始盛期，5月底至6月初为卵的孵化高峰期。6月中下旬1龄若虫爬出雌成虫介壳，在枝条和叶片上活动。1～2天后，大多在叶片正面的主脉两侧固定刺吸危害，并蜕皮为2龄若虫。10月上旬2龄若虫变为2龄末若虫，并从叶片上转移到枝条上固定越冬。越冬若虫在枝条阴面和枝条分叉处比较集中(图2-49、图2-50)。

◎ 图2-49　红枣大球蚧危害红枣

◎ 图2-50　红枣大球蚧被蓝绿跳小蜂寄生

4. 防治措施

(1) **检疫措施**　红枣大球蚧属检疫性有害生物。要认真做好产地检疫和调运检疫，杜绝红枣大球蚧人为的远距离传播蔓延。

(2) **营林防治**　在果树修枝整形时，要剪除带有红枣大球蚧的枝条，并集中烧毁，减少果园内虫源。

(3) **人工防治**　早春和晚秋抹除树上的越冬若虫。4月下旬至5月下旬人工刺破膨大的雌成虫介壳或摘除焚毁。

(4) **生物防治**　捕食红枣大球蚧1～2龄若虫的天敌有双斑唇瓢虫*Chiolcorus bipuctulatus*

（L.），寄生红枣大球蚧2龄若虫和雌成虫的优势天敌有球蚧蓝绿跳小蜂*Blastothrix sericae*（Dalman），寄生率可达30%左右，要保护利用或人工助迁扩大繁殖。

(5) 化学防治 化学防治要抓准两个时机，一是雌虫分化后尚未膨大，尤其是未抱卵前；二是当年若虫集中孵化尚未固定越冬前。可选择的药物以矿物源药物及生物源内吸性药剂为主。主要有：3月上旬喷洒5%矿物油乳剂，或5波美度石硫合剂，杀灭红枣大球蚧越冬代固定若虫。5月中旬至6月中旬喷洒0.3～0.5波美度石硫合剂，48%乐斯苯乳油1500～2000倍液，杀灭红枣大球蚧1、2龄若虫。

（二）吐伦褐球蚧

1. 寄主、分布与危害

吐伦褐球蚧*Rhodococcus turanicus* Arch.别名吐伦球坚蚧、桃球坚蚧。

吐伦褐球蚧分布于全疆，主要在南疆危害蔷薇科的杏、李、桃、梨、苹果等果树，其次是红枣。一般幼树受害重于成年树。该虫以若虫吸食幼树主干或嫩枝条上的汁液，并分泌大量蜜露，使枝、干上流满蜜汁，污染了枝叶，堵塞了皮孔，还极易诱发煤污病，影响光合作用，使受害树木失去养分，出现枝梢干枯和叶片变黄、早脱落的现象，并造成树势衰弱，果实养分受损，品质下降，减产绝收。受害重者整株干枯死亡。

◎ 图2-51　吐伦褐球蚧成虫及其危害状

◎ 图2-52　吐伦褐球蚧正在膨大的雌体

2. 识别特征

(1) 成虫 雌成虫体高凸，棕红色，近球形，直径3.0～4.0mm；雌介壳暗红色，有光泽，质地坚硬，表面有许多明显的小刻点，体背面有3条隆起的纵行，在中间隆起线上还有两条不规则的黑色纵线。雄成虫体长1.5~2.1mm，体淡红褐色，具1对膜质前翅，后翅为平衡棒，足、触角发达(图2-51、图2-52、图2-53)。

(2) 卵 卵为椭圆形，紫红色，表面附一层薄白粉(图2-54)。

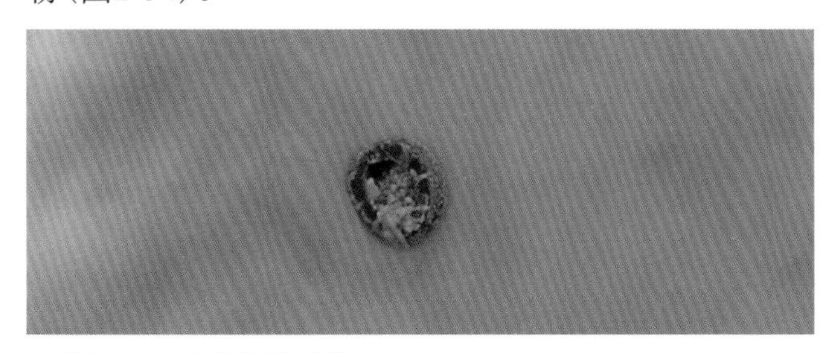
◎ 图2-54　吐伦褐球蚧卵

◎ 图2-53　吐伦褐球蚧雄虫

(3) **若虫** 初孵化的若虫橘红色，半透明。体背有1对红色纵行条纹，前宽后窄。腹末的1对蜡线略长于触角；越冬若虫棕黄色。体背面有稀疏的蜡丝覆盖，并有“U”形黑纹，尾部末端的分裂从此分明，黑纹后期变成4排点，中央变橘红色(图2-55、图2-56)。

◎ 图2-55 吐伦褐球蚧越冬若虫

◎ 图2-56 吐伦褐球蚧叶片上的2龄若虫

3. 发生危害规律与习性

吐伦褐球蚧遍及天山南北，南疆、东疆重于北疆。该虫1年发生1代。以2龄若虫群集固定在树木向阳面的枝干、茎上越冬。翌年3月底、4月初树液流动时，就在原处取食危害。4月上旬雌雄个体开始分化。4月下旬越冬若虫分散在果树的嫩枝干上危害并分泌蜜露。4月中旬雌成虫体逐渐膨大，体背硬化，由扁圆形发育成半球形，产卵于母体下，以孤雌生殖为主。产卵量极大，单雌产卵量为1000～2000粒，个体小的雌成虫仅产卵几十到几百粒。没有分泌物包裹卵，因此一旦老介壳破裂后卵粒会纷纷下落。4月下旬至5月上旬为产卵盛期。产卵期为25～28天。5月中旬大量雌成虫死亡，仅留充满卵粒的暗红色老介壳；卵于5月中旬孵化，5月下旬为孵化盛期，至6月上旬孵化完毕，卵期为25～28天，也有部分卵不能孵化而干死于老介壳内的。卵的孵化率为4.3%～84.7%。初孵化的若虫从母体臀裂处爬出，经1～3天分散爬行转移到叶片背面、嫩枝、果实等处吸食汁液；2龄后若虫先固定在叶片、枝条、果实等处危害，秋季2龄若虫从叶片、果实上又群集转移到向阳面的枝条上越冬。该虫危害时间较短。雄若虫于次年早春时继续伸长，但不隆起，仅分泌一层玻璃状的白色冠状物，紧覆在体背面；蛹在稀疏的蜡丝下蜕1次皮，很快羽化为有翅雄成虫而飞出。雄成虫交尾后立即死亡。

4. 防治措施

(1) **加强检疫** 加强检疫，杜绝吐伦褐球蚧随着苗木或接穗人为的传播。

(2) **营林防治** 在果树休眠期和生长期，结合冬季修剪和春季疏花疏果修剪带虫徒长枝、受害较重的枝条，并集中烧毁。加强果园肥水管理，增强树势，提高果树的抗虫能力。

(3) **生物防治** 保护和利用吐伦褐球蚧的天敌昆虫如红点唇瓢虫*Chilocorus kuwanae* Silvestri、

隐斑瓢虫*Harmonia obscurosignata*（Liu）、双刺胸猎蝽*Pygolampis bidentata* Goeze、普猎蝽*Oncocephalus plumicornis* Grm.、普通草蛉*Chrysopa carnea* Stephens、丽草蛉*Chrysopa formosa* Brauer、草皮逍遥蛛*Philodromus cespitum* Walckenaer等，合理使用农药，提高其自然寄生率。当天敌寄生率达到30%左右时，严禁实施化学防治，避免药物杀伤天敌。

(4) 化学防治 每年吐伦褐球蚧的卵孵化后到若虫固定前是喷药防治的最好时机，此时若虫活动量大，最易着药，而且尚未形成介壳，农药杀伤力最强，效果也最好。一般施药1～2次，每次间隔10～15天即可。

冬春两季在果树休眠期可向枝干上喷洒3～5波美度的石硫合剂。

春季在越冬若虫固定前也可喷洒波美0.5～l波美度石硫合剂或99%绿颖乳油2000倍液或40%毒死蜱乳油＋机油乳剂1500～2000倍液，或用25%蜡蚧灵乳油、20%菊杀乳油2000倍液、40%速蚧克乳油1000～1500倍液防治。

夏季在果树生长期对分散转移的若虫和成虫喷洒波美0.3～0.5波美度石硫合剂或用48%乐斯苯乳油、99%绿颖乳油2000倍液倍液进行防治。

（三）扁平球坚蚧

1. 寄主、分布与危害

扁平球坚蚧*Parthenolecanium corni* Bouche别名糖槭蚧、水木坚蚧。

该虫在全疆均有分布，国内还分布于辽宁、内蒙古、甘肃、河北、河南、山东、江苏、陕西等地。扁平球坚蚧主要危害苹果、桃、杏、山楂、巴旦木、葡萄、桑、文冠果、核桃、酸梅等果树，还严重危害榆、白蜡、食叶槭等。若虫和雌成虫吸食幼树主干、嫩枝、叶片和果实的汁液。果树被害后造成叶片枯黄、早落，枝条干枯，导致树木生长衰弱，甚至整株枯死。葡萄受害后果粒重、含糖量降低，产量和质量明显下降。该虫在取食的同时还排泄大量深褐色油渍状蜜露污染枝条、叶片和果实，易感染煤污病。

2. 识别特征

(1) 成虫 雌成虫黄褐色或棕红色，椭圆形，长4.0～6.5mm，宽3.0～5.5mm。体背龟甲状，有光泽，并有4条凹线和5条隆脊，边缘有许多横列的皱褶。背中央呈梭形隆起，表面有许多不规则横沟和凹点，腹面凹陷。个体向后倾斜，腹末端具臀裂缝；初期的介壳背面还有5～8根细长白色的蜡丝，5～10天后便消失。腹末有2根白色细长的蜡丝；抱卵前的介壳较软，腹面可见到胸足和触角；抱卵期介壳从边缘分泌白色蜡层并逐渐硬化；抱卵后触角、足、口器等器官全部消失；雄介壳长椭圆形，长1.8～2.5mm。淡紫色，半透明；雄成虫体长1.2～1.5mm，红褐色，头及复眼黑红色，触角丝状，具前翅1对，翅展3.0～4.0mm，棕色。足发达，腹末端交尾器两侧各有1根白色蜡丝(图2-57)。

(2) 卵 卵为长椭圆形，两端略尖，乳白色有蜡粉，孵化时为棕红色(图2-58)。

(3) 若虫 若虫分为活动和固定两种虫态，活动若虫体长0.4～1.0mm，灰黄色或淡灰色，体扁平，具足、触角和尾须；固定若虫体长1.2～4.5mm，灰黄色或浅灰色(图2-59)。

(4) 蛹 雄蛹红褐色，体长1.2～1.7mm。

◎ 图2-57　扁平球坚蚧雌成虫

◎ 图2-58　扁平球坚蚧卵

3. 发生危害规律与习性

扁平球坚蚧在全疆各地均有分布，属多食性害虫。在新疆北部1年发生1～2代，在吐鲁番发生3代，以2～3龄活动若虫和固定若虫越冬。翌年4月上旬当树木萌芽后，若虫开始活动寻找1～2年生枝条固定其上刺吸危害，并排出大量黏液，污染叶面和枝条。5月上中旬若虫发育为成虫。雌成虫5月中下旬产卵，单雌产卵1300～2500粒。以孤雌生殖为多。卵由雌成虫分泌的白色蜡粉黏结成块。雌成虫随着产卵量增多虫体渐向前皱缩、腹面向上凹陷，直至腹背体壁相接。雌成虫产卵后随之硬化，变成干燥硬化的死蚧壳固定在果树枝、干上经久不脱落；卵于5月底至6月初孵化，卵期12～18（15）天；初龄若虫密集在雌介壳下，经2～3天陆续从母壳臀裂处爬出，迁移于叶背面或嫩枝干上吸食，蜕皮发育为3龄若虫后固定在果实上和枝干危害。若虫喜阴怕光，1～2龄若虫活动在嫩枝和叶片背面；3龄若虫多固定在嫩枝阴面，少数在枝干的侧面或果实上。雄蛹期10～12天；雄成虫数量极少。第二代雌成虫于8月下旬产卵，卵于9月上中旬孵化，1龄若虫期7～10天，2龄期为50～60天。2～3龄活动若虫于10月上中旬逐渐迁移到果树的枝条和和主干的嫩皮上或树皮裂缝内越冬(图2-60)。

◎ 图2-59　扁平球坚蚧若虫

◎ 图2-60　扁平球坚蚧危害葡萄状

4. 防治措施

(1) 加强检疫　加强检疫，杜绝扁平球坚蚧随着苗木或接穗、果实人为的传播。

(2) 营林防治 在果树休眠期，结合冬季整枝修剪和春季疏花疏果，夏季修剪带虫徒长枝，剔除受害较重的枝条，并集中烧毁。

(3) 生物防治 保护和利用球蚧蓝绿跳小蜂*Blastothrix sericae* (Dalman)、红点唇瓢虫*Chilocorus kuwanae* Silvestri、黑缘红瓢虫*C.rubidus* Hope、李斑瓢虫*Coccinella geminopunctata* Liu、短斑普猎蝽*Oncocephalus confusus* Hsiao、普猎蝽*Oncocephalus plumicornis* Grm.、双刺胸猎蝽*Pygolampis bidentata* Goeze、普通草蛉*Chrysopa carnea* Stephens等天敌昆虫，当天敌寄生率达到30%左右时严禁实施化学防治，避免杀伤天敌。

(4) 化学防治 掌握雌虫孕卵前及若虫孵化后到若虫固定前用5%蚧螨灵乳油1500～2000倍液、25%蜡蚧灵乳油2000倍液喷雾防治。

（四）梨圆蚧

1. 寄主、分布与危害

梨圆蚧*Quadraspidiotus perniciosus*（Comstock）又称梨笠圆盾蚧、梨枝圆盾蚧，属同翅目盾蚧科。

梨圆蚧20世纪70年代初传入新疆，现在分布于阿克苏、喀什、和田、巴州、哈密、伊犁等地(州)；另外还分布于宁夏、陕西、甘肃、山东、河北、辽宁、山西、江苏、浙江、广东、福建、湖北、江西、湖南等地。危害梨、红枣、苹果、桃、李、杏、葡萄、核桃、山楂、杨、柳、榆等230多种植物。以若虫和雌成虫固着在寄主枝干、叶柄、叶背和果实上危害，使叶变小、早脱落、枝条干枯，不结果实。在果实萼洼处和梗洼处围绕介壳周围形成红色斑点或紫红色环纹，果面凹凸不平。轻者使树势衰弱，引起植物皮层木栓化，韧皮部导管组织衰亡、皮层燥裂，重者枝梢或整株干枯。

2. 识别特征

(1) 介壳 雌介壳斗笠形，灰白色，中央隆起处从内向外为灰白、黑、灰黄3个同心圆，隆起外的介壳亦有暗色轮纹；直径0.7～1.7mm。雄介壳长圆形，灰白色，一端隆起，一端扁平，长0.8～0.9mm，宽0.4～0.5mm；冬季型雄介壳为圆形。

(2) 成虫 雌虫卵圆形，长0.8～1.4mm；乳黄至鲜黄色，臀板褐色；臀叶2对，中臀叶发达，左右接近，第一臀叶较小，第三臀叶退化为三角形突起，无围阴腺。雄虫体长0.6～0.8mm，宽0.3mm，翅展1.3mm。触角10节。前翅膜质半透明，有一条简单分叉的翅脉。腹末交尾器细长，占体长的1/3左右。

(3) 若虫 初孵若虫椭圆形，乳黄色；体长0.3mm，宽0.2mm。触角5节，足发达，腹末有1对白色尾毛。固定后分泌灰白色圆型介壳，身体可稍长大，且渐成圆形，但足与触角仍保留。介壳直径0.25～0.4mm。2龄若虫触角和足退化；介壳直径0.7～0.9mm；雄若虫体形为长圆形或圆形(图2-61、图2-62、图2-63)。

3. 发生危害规律与习性

该虫在阿克苏地区1年发生2～3代。卵胎生。以1～2龄若虫群集固定在2年生枝条的芽腋、分枝或果实上越冬。翌年4月中旬气温升至15℃以上，树液流动时，越冬若虫开始取食活动并蜕皮

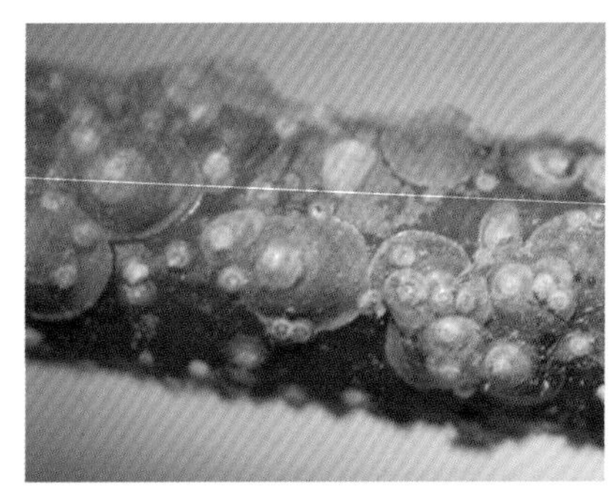
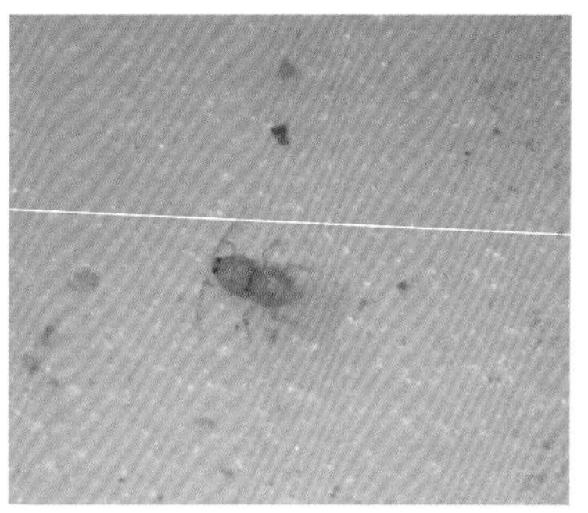
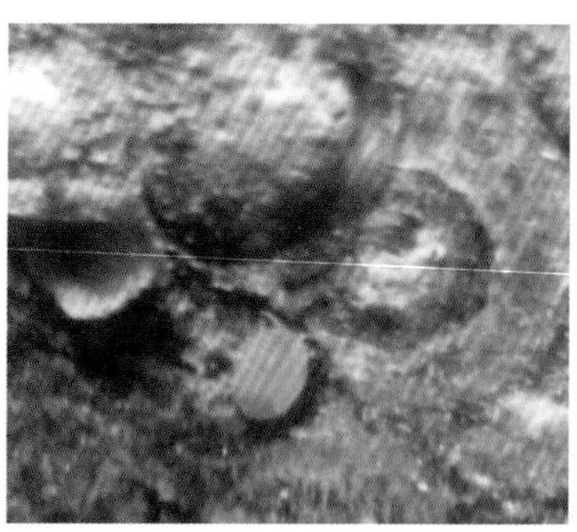

◎ 图2-61　梨圆蚧成虫及介壳　◎ 图2-62　梨圆蚧雄虫　◎ 图2-63　梨圆蚧雌虫

◎ 图2-64　梨圆蚧危害的枝条

为3龄；1龄者大多死亡。雄若虫5月上旬化蛹，5月中下旬羽化，雄成虫寿命短，交尾后即死亡。5月中旬可见雌成虫，5月下旬日均温升至20℃以上时雌虫开始胎生若虫，可孤雌生殖。单雌抱卵量100～200粒，产仔可延续1个月；每天可产仔2～8头。产仔高峰期为6月上中旬，因此世代重叠。若虫期50天左右，活动期在5～6月、7～8月、9～10月，活动若虫多顺着树枝干向上爬行，1天后选择嫩枝和果实开始危害，一般在2～5年生的枝干上较多。8月下旬为第二代成虫期；9月初为第二代若虫期，至11月初，以第三代的1～2龄若虫在介壳下越冬。成虫和若虫多见群聚在嫩枝干向阳面。雌成虫主要在枝、干及枝的分杈处。雄虫则常在叶的主脉两侧，夏季也蔓延到果实上取食并分泌绵毛状蜡丝，逐渐形成介壳。寄生在枣树上的若虫生长较缓慢，大部分不能成熟(图2-64、图2-65)。

◎ 图2-65　梨圆蚧危害的枣

4. 防治措施

(1) 加强检疫　从疫区调运苗木、接穗、果品时，应严格检查，避免梨圆蚧随苗木、接穗或果品人为传播蔓延。

(2) 营林防治　果树休眠期结合冬季修剪，剪除受害较重的枝条，并集中烧毁。

(3) 生物防治　生物防治，充分发挥红点唇瓢虫的捕食作用和斑角小蜂的寄生作用。

(4) 化学防治　在果树发芽前，喷洒5波美度石硫合剂。在果树生长期，要在若虫出壳后至固定前喷药。常用25%噻嗪酮可湿性粉剂1000倍液、48%毒死蜱乳油2000倍液、48%乐斯苯乳油2000倍液喷雾防治。

（五）橄榄片盾蚧

1. 寄主、分布与危害

橄榄片盾蚧*Parlatoria oleae*（Colvee）别名紫蚧，为多食性。分布在新疆巴音郭楞蒙古自治州、阿克苏、喀什、石河子、塔城等地区，是南疆目前危害果树介壳虫类的优势种，以若虫和雌成虫刺吸苹果、梨、桃、山楂、葡萄、核桃、无花果、樱桃、石榴、桑树等的主干、枝条、叶片和果实的汁液，造成嫩枝、叶片枯黄，树皮龟裂、生长缓慢、树势减弱，严重时枝梢或整株枯死；果实受害后使果面畸形，色泽失常，在受害处还呈现淡紫红色斑点，降低果品产量和质量，严重影响果品销售。

2. 识别特征

(1) 成虫 雌介壳椭圆形或不规则形。高凸，长1.5～2.5mm，宽1.3mm。灰白色或灰褐色。蜕皮壳点2个，位于介壳边缘，初为黄褐色，后为黑绿色。第一壳点小，呈长椭圆形，叠在第二壳点上，其前端刚接触第二壳点沟的边缘；第二壳点薄而大些，近圆形，背有白蜡。丝质介壳轮纹明显。越冬代的介壳轮纹一般都消失了。雌成虫椭圆形或近圆形，长1.0mm，虫体紫红色至暗棕色。后胸与腹部第一节相连处为最宽。腹部4节，分节明显，第一节最宽。臀板黄色略硬化，臀板有臀叶3对，同形同大，外侧均有一深凹切；雄介壳扁平长方形，灰白色，长0.8～1.0mm。壳点1个，位于前端，初为鲜黄色，后为橙黄色或黑褐色；雄成虫体长0.8mm，具前翅1对，足3对，交配器较长(图2-66)。

◎ 图2-66　枝干上的橄榄片盾蚧

(2) 卵 卵长椭圆形，一端钝圆，另一端稍尖。大小约0.3mm×0.1mm。初产卵半透明，前半部淡紫色，有蓝紫色珍珠光泽，表面附一薄层白霜；孵化前全卵显紫色花纹。

(3) 若虫 1龄活动若虫椭圆形，紫红色。头部前缘中间略凹入，眼点黑色，触角和足乳白色。身体分节明显，以中胸和后胸处为最宽。体背淡紫褐色，腹末有1对细而短的蜡丝；2龄若虫的身体极扁平，色淡透明。2龄末期可明显区别雌、雄个体。

3. 发生危害规律与习性

橄榄片盾蚧在库尔勒市1年发生2～3代，世代重叠，每年11月初以受精的雌成虫在寄主的枝干上越冬。翌年3月中下旬当气温回升到15℃以上，树液流动时越冬雌成虫开始活动危害。雌成虫在4上中旬虫体开始逐渐饱满，从体背及腹侧的腺孔内分泌出丝状物质，从而介壳内壁加厚。当围阴腺孔分泌出白色粉状物时，雌虫体内就已开始抱卵。卵聚产在母体介壳下，单雌产卵量32～75粒。因卵多排列挤压，使有些卵表面略有凹陷痕。雌成虫产卵期长达2个多月。4月下旬

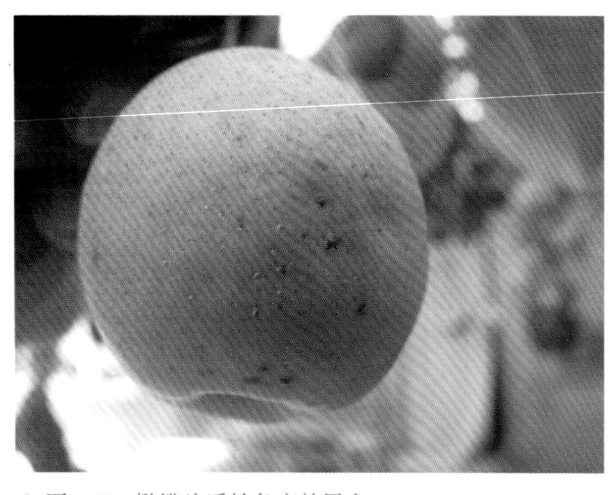
◎ 图2-67 橄榄片盾蚧危害的果实

为第一代卵盛期，卵期15天左右，卵有滞育现象。5月上旬卵开始孵化，5月中旬为孵化盛期。第一代若虫孵化后除了极少数在母体介壳下固定取食母体液而生长发育外，绝大多数若虫在母体介壳下停留数小时后，从介壳边缘开裂处爬出，终身固定于寄主的茎、枝、梢、叶及果实上危害，并分泌蜡质物将身体包裹起来形成坚硬的外壳，经过1～2天后由虫体背部的孔腺内分泌出白色丝状物质，并逐渐加厚扩大介壳，形成保护薄膜，该薄膜与第一次蜕皮共同构成第一个壳点。1龄若虫继续分泌丝状物，与第二次蜕皮共同构成第二个壳点。5月上旬至6月初是若虫的危害盛期。因此在虫口密度大时，在叶柄、叶片上布满虫体。第二代卵盛期出现在6月下旬至7月上旬，第二代若虫发生高峰期为7月下旬。有世代重叠和卵滞育现象，从6月下旬到7月上旬都可见到卵、若虫、蛹、雌成虫和雄成虫等虫态。第二代以后的若虫向果实上迁移危害。第三代卵盛期出现在8月下旬至9月上中旬。雌、雄成虫交尾后，雄虫即死亡。受精雌成虫在介壳下继续吸食，于11月下旬开始休眠越冬。该虫完成1个世代需58～60天。越冬代雌成虫的自然死亡率为36%左右(图2-67)。

4. 防治措施

(1) 加强检疫 严格加强苗木、接穗、果品检疫，严禁从疫区调入苗木和接穗，疫区要做好防治工作，避免该虫进一步传播蔓延。

(2) 营林防治 加强果园的肥水管理，增强树势，提高果树的抗病虫能力。果树休眠期和果树生长期结合整枝修剪、疏花疏果，及时剪除带虫徒长枝，剔除受害较重的枝条，并集中烧毁。

(3) 生物防治 保护和利用橄榄片盾蚧的天敌昆虫如李斑唇瓢虫*Chilocorus. geminus* Zaslavskij、斑角小蜂*Aohytis rnaculicornis*、盾蚧蚜小蜂*Aphytis holoxanthus*、短斑普猎蝽*Oncocephalus confusus* Hsiao、双刺胸猎蝽*Pygolampis bidentata* Goeze等，合理使用农药，提高其自然寄生率。

(4) 化学防治 每年3月上中旬在果树萌动期喷洒20%融杀蚧螨1000倍液或0. 3～0. 5波美度石硫合剂防治越冬代雌成虫。在1～2代若虫发生高峰期用48%乐斯苯乳油1500倍液，99%绿颖乳油2000倍液，40%毒死蜱乳油1000倍液分两次进行喷雾防治，第一次在5月上中旬，第二次在7月中下旬到8月初。

(六) 桑白蚧

1. 寄主、分布与危害

桑白蚧*Pseudaulacaspis pentagona* (Targ.)别名桑白盾蚧、桑盾蚧、桑介壳虫。

分布于华南、华北、东北多个省(区)。桑白蚧为多食性种类，在南疆主要危害桑、无花果、核桃、 苹果、梨、李、杏、桃、樱桃、梅、葡萄及巴旦木等果树。该虫以若虫和雌成虫刺吸3～4年生果树的主干、嫩枝、叶片的汁液。多聚集在树木侧枝北面的背阴处。受害重的枝条和树冠中央的主枝不受方向限制。偶有危害果实和叶片的，严重时被害枝条上的介壳密集重叠，使枝条凹凸不平，发育不良，枝、梢变枯萎，大量落叶，削弱了树势，甚至整枝或整株死亡。被害的果实表面凹陷、变色，降低果品产量和质量。该虫一旦发生，如果不采取有效的防控措施，3～5年内可毁坏果园。

2. 识别特征

(1) 介壳 雌介壳圆形或卵圆形，直径2.0～2.5mm，乳白色或灰白色，中央略隆起似笠帽形，表面有螺旋纹。若虫蜕皮壳点2个，在介壳边缘但不突出。第一壳点淡黄色，有的突出介壳边缘；第二壳点红褐色或橘黄色；雌成虫淡黄或橘红色，宽卵圆形，扁平，臀板红褐色。臀叶3对，中臀叶大，近三角形，基部桥联，第二臀叶双分，内分叶长齿状，外分叶短小。第三对臀叶亦双分，较短。雄介壳长1.0mm左右，白色，长筒形，两侧平行，质地为丝蜡质或绒蜡质。体背面有3条纵沟，前端有一橘红色蜕皮壳，略显中脊；雄虫体长0.7mm，橙色至橘红色。眼黑色。足3对，细长多毛。腹部长(图2-68、图2-69)。

◎ 图2-68 桑白蚧雄虫

◎ 图2-69 桑白蚧雌虫

(2) 卵 卵为椭圆形，长径0.3mm。初呈淡粉红色，渐变淡黄褐色，孵化前为杏黄色。

(3) 若虫 初孵若虫淡黄褐色，扁卵圆形，雄虫与雌成虫相似。

3. 发生危害规律与习性

桑白蚧1年发生2代，以第二代受精的雌成虫在枝条上越冬。翌年春季当寄主树木萌动之后开始活动取食，虫体迅速膨大，越冬代雌成虫在4月下旬产卵，产卵量较高。5月上旬为产卵盛期，卵期9～15天；5月中旬卵孵化为第一代若虫，若虫孵化后在母壳下停留数小时后逐渐爬出母壳外分散活动1天左右，然后固定在2～5年生的枝条上危害，以分杈处的阴面较多，5～7天后若虫分泌绵毛状白色蜡粉覆盖虫体。若虫经2次蜕皮后形成介壳(图2-70)。第一

◎ 图2-70 桑白蚧危害状

代若虫期30～40天。7月上中旬成虫开始产卵，卵期10天左右，单雌产卵量150余粒。雌虫在新感染的植株上数量较大，感染已久的植株上雄虫数量逐渐增加。危害严重时，雌雄介壳遍布枝条，雌虫密集重叠3～4层，连成一片；雄虫群聚排列整齐、集中，数目比雌虫多。8月初为第二代卵孵化期，9月中旬雄虫交尾后死亡。受精的雌成虫在介壳下越冬。

4. 防治措施

(1) 加强检疫 严格加强苗木、接穗、果品检疫，严禁从疫区调入苗木和接穗，疫区要做好防治工作，避免虫害进一步传播蔓延。

(2) 营林防治 保持果园适当的营养与水分条件，增强树势，提高树木抗虫能力；结合整形修剪，剪除果园内的病残枝及茂密枝，并集中烧毁；改善果园的通风透光条件从而降低虫口基数。

(3) 生物防治 保护和利用桑白蚧蚜小蜂*Aphytis proclia* Walker、盾蚧蚜小蜂*Aphytis holoxanthus*、红点唇瓢虫*Chilocorus kuwanae* Silvestri、隐斑瓢虫*Harmonia obscurosignata*（Liu）、日本方头甲*Cybocephalus niponicus* Endroby-Yonge和普猎蝽*Onceocephalus plumicornis* Grm.等天敌昆虫。这些昆虫对桑白蚧有一定控制作用，因此要合理使用农药，提高其自然寄生率，当天敌寄生率达到30%左右时要慎用化学防治。

(4) 化学防治 在冬季先用硬毛刷或细铜丝刷刮除老树皮上或枝干上的越冬虫体，然后在树体发芽前喷洒5波美度的石硫合剂或用黏土柴油乳剂涂抹树干黏杀越冬代的雌成虫（配方：柴油1份+细黏土1份+水2份）。

在各代初孵化若虫分散转移、尚未分泌蜡粉形成介壳以前，喷洒0.3波美度的石硫合剂或喷洒螨蚧净2000～3000倍液，48%乐斯苯乳油1500倍液、25%吡虫啉可湿性粉剂1500倍液等药剂防治若虫和成虫。分两次进行喷雾防治，每次间隔10～15天。

（七）椰子堆粉蚧

1. 寄主、分布与危害

椰子堆粉蚧*Nipaecoccus nipae* Mask.别名棕榈粉蚧、鳞粉蚧。椰子堆粉蚧在乌鲁木齐市、喀什等地区主要危害无花果、石榴、红枣、桑、梨、葡萄等特色林果木，通常果园边缘的果树受害较重。该虫以雌成虫和若虫刺吸树木的嫩枝干、新梢、叶片和果实上的汁液。对枝梢及幼果危害最重。并在危害的同时排泄蜜露，招引其他害虫传播煤污病，使被害的树木幼芽新梢变扭曲或畸形干枯，嫩叶卷缩早脱落、枝梢枯萎、落花和落果，使树木生长势下降，甚至整株枯死。被害的果实也变小，果肉还带有腥臭味，不堪食用。还因该虫体外披一层蜡粉，危害后可将蜡粉黏贴于被害部位，似覆盖一层白毛，不易被风雨冲刷掉，影响果品经济价值。

2. 识别特征

(1) 成虫 雌成虫体椭圆形，老熟时呈圆形。体长2.0～2.5mm。体暗红色，全体覆盖厚厚的乳白色蜡粉被。体周围有一圈锥状蜡突，约7对，体背也有许多小锥状蜡突，无毛。触角7节，在触角之间有一群锥刺。足短小，后足基节有少数透明孔，爪下侧无小齿。尾瓣略显，其腹面有1根硬化条。腹面均有细毛，无刺，肛环有成列环孔纹和6根长环刚毛。端毛短于环毛。腺堆仅在腹部尾片上，其余腹节在腺堆的位置仅见有2根远离的锥刺。有多孔腺、三孔腺和管腺。雄成虫体酱色，长约1mm，具前翅1对，半透明。

(2) 卵 卵乳黄色，椭圆形，长约0.3mm，藏于雌虫乳白色的绵团状蜡质卵囊内。

(3) 若虫 形似雌成虫，初孵化的若虫体表无蜡粉被，渐长后被少量蜡粉，固定取食后，体背及周缘即开始分泌白色粉状蜡质，并逐渐增厚。

(4) 蛹 外形似雄成虫。

3. 发生危害规律与习性

椰子堆粉蚧在新疆1年发生3代，世代重叠。以若虫和雌成虫在果树的主干、枝条和树皮裂缝内越冬。翌年3月下旬开始取食活动。成虫和若虫均有群集性，常多个雌虫堆聚在一起，雄虫一般数量很少。雌成虫每年4月初开始产卵，性成熟的雌成虫由体末端形成乳白色、蜡质绵团状的卵囊，在其内产卵。该虫的自然繁殖能力强，主要营孤雌生殖。单雌产卵200～500粒。若虫孵化后分散转移危害。各代若虫发生盛期为4月上中旬、6月中旬、8月上旬，以4～6月和8～10月虫口密度最大、危害最严重(图2-71、图2-72)。

◎ 图2-71 椰子堆粉蚧危害石榴果实

◎ 图2-72 椰子堆粉蚧危害叶片

4. 防治措施

(1) 加强检疫 严格加强苗木、接穗、果品检疫，严禁从疫区调入苗木和接穗，疫区要做好防治工作。有虫的苗木用52%磷化铝片剂熏蒸1.5～2天，杀灭虫源，避免椰子堆粉蚧进一步传播蔓延。

(3) 营林防治 保持果园适当的温湿度，防止树体养分的大量消耗，增强树势，提高树木抗虫能力；科学修剪，剪除果园内的病残枝及茂密枝，并集中烧毁，中断该虫的食物来源。改善果园的通风透光条件，从而降低虫口基数。

(3) 人工防治 在成虫和若虫期可用硬毛刷或细铜丝刷刮除树皮裂缝内或枝干上的虫体，然后喷洒5波美度的石硫合剂。

(4) 生物防治 保护和利用粉蚧长索跳小蜂*Anagyrus dactylopii*（Howard）、宽缘金小蜂*Pachyneuron* sp.、龟纹瓢虫 *Propylaea japonica* (Thun)、菱斑和瓢虫*Synharmonia conglobata*（Linnaeus）、叶色草蛉*Chrysopa phyllochroma* Wesmael、中华草蛉*Chrysopa sinica* Tjeder、短斑普猎蝽*Oncocephalus confusus* Hsiao、双刺胸猎蝽*Pygolampis bidentata* Goeze等天敌昆虫。要合理使用农药，提高其自然寄生率，当天敌寄生率达到30%左右时严禁实施化学防治，避免滥用药物杀伤天敌。

(5) 化学防治 在第一、二代初孵化若虫盛期可选用花保100倍液，烟参碱1000倍液，45%晶体石硫合剂20倍液，48%乐斯苯乳油1500倍液，99%绿颖乳油2000倍液喷雾防治。

（八）枣阳腺刺粉蚧

1. 寄主、分布与危害

枣阳腺刺粉蚧*Heliococcus zizyphi* Borchsenius. 别名枣树星粉蚧、枣星粉蚧。

枣阳腺刺粉蚧分布于吐鲁番、哈密地区。它以若虫或雌成虫危害红枣，尤其是越冬出蛰后的若虫往往密集在红枣树的1～2年生的嫩枝、芽、叶、花和果实上刺吸汁液。枣树受害后叶不能正常萌发芽，即使勉强发芽，叶片也瘦小、枯黄，以至早期脱落。该虫在取食的同时还排泄蜜露，易导致煤污病，影响光合作用，使树势衰弱，枝条干枯，枣果蔫萎，产量下降。已经衰弱的植株，一旦受其害，会加速树体的衰亡。

2. 识别特征

(1) 成虫 雌成虫体扁椭圆形或长椭圆形，背部略隆。体长3.8～4.0mm。体宽1.6～2.0mm。体背有稀疏的短小刺，从体缘各面射出很细的18对玻璃状蜡丝。全体覆盖有白色蜡粉。触角9节。足发达，每节细长。爪下有一齿。爪冠毛长于爪，其端略膨大。体腹两侧有各种长度的刚毛，体前、后背孔发达，当遇惊时从背孔内分泌出液体。尾瓣很发达，在肛环两侧突出。尾瓣腹面有细长的锥状硬化棒1条。瓣端毛长于肛环毛。尾部还有1对蜡质长尾毛；雄成虫为暗黄色或褐色，复眼黑褐色。前翅乳白色半透明。尾端具蜡丝4根，其中2根长度约等于体长(图2-73)。

◎ 图2-73　枣阳腺刺粉蚧成虫

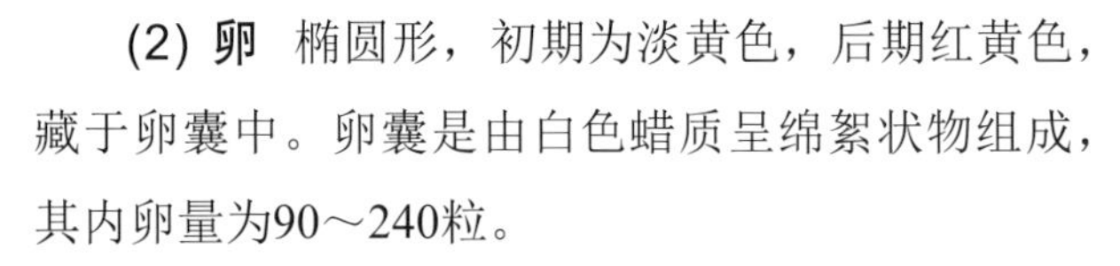

(2) 卵 椭圆形，初期为淡黄色，后期红黄色，藏于卵囊中。卵囊是由白色蜡质呈绵絮状物组成，其内卵量为90～240粒。

(3) 若虫 雌若虫扁椭圆形，足褐色与触角均发达。1龄若虫体裸露呈褐色，2龄时体缘有蜡丝并有白色蜡粉。3龄若虫似雌成虫；2龄雄若虫与2龄雌若虫相似(图2-74)。

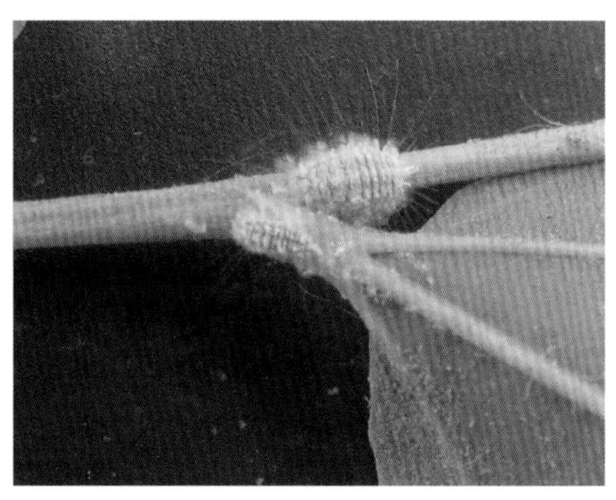

◎ 图2-74　枣阳腺刺粉蚧若虫

3. 发生危害规律与习性

枣阳腺刺粉蚧在新疆每年发生3代，偶见5代。以卵和若虫在树皮裂缝中越冬。次年4月上旬枣树发芽前，越冬若虫群集于枣股上；枣树萌芽初期或展叶时若虫又大多分散转移到上芽，在芽的基部和初伸长的枣吊上或群居于幼叶腋间和未展开的叶褶内刺吸汁液。在虫口密度大的树上，往往一片叶上有十几头若虫危害。5月下旬至6月上旬若虫蜕变为成虫，虫态不整齐，6～8月间在叶片上随时可见若虫和成虫。雌若虫蜕皮5次经过6个龄期才进入成虫期；雄若虫蜕皮2次进入化蛹期。雄成虫羽化期与雌成虫同时，交尾后雄成虫立即死亡；雌成虫继续危害一段时间后开始分泌白色蜡质物结成卵囊，卵产于其中，5月中旬雌成虫开始产卵，单雌产卵量为90～234粒。产卵后的雌成虫体干缩死亡。卵期7～15天不等。第一代若虫发生期为5月下旬至7月下旬，若虫孵化盛期为6月上旬。第二代若虫发生期为7月上旬至9月上旬，若虫孵化盛期为7月中、下旬。第三代若虫（即越冬代）若虫发生期为8月下旬，孵化盛期在9月上旬。10月上中旬第三代若虫陆续转移并潜入到果树的主干和老枝条的树皮裂缝中越冬。每年以第一代和第二代在6上旬至8月中旬危害最严重。进入雨季后，该虫易遭到雨水冲刷，故其第三代虫口密度较小，这时若虫分泌的胶状物也易引起霉菌病的发生，并污染叶片和果实，从而影响果品的质量(图2-75)。

◎ 图2-75　枣阳腺刺粉蚧危害状

4. 防治措施

(1) 加强检疫　加强检疫，杜绝枣阳腺刺粉蚧随着苗木或接穗人为地传播。

(2) 营林防治　在果树休眠期和生长期，结合冬季整枝修剪和春季疏花疏果和修剪带虫徒长枝，剔除受害较重的枝条，并集中烧毁。加强果园肥水管理，增强树势，提高果树的抗虫能力。冬季或早春刮除树干和枝条老粗皮上的越冬卵和若虫，并集中烧毁，然后对全树喷涂3～5波美度的石硫合剂或对主要枝干涂约1～2cm宽的黏虫胶环粘死部分若虫，以阻止其转移为害。

(3) 生物防治　保护和利用蚧虫的天敌昆虫如菱斑和瓢虫*Synharmonia conglobata*（Linnaeus）、中华草蛉*Chrysopa sinica* Tjeder、真猎蝽*Harpactor* sp.、粉蚧长索跳小蜂*Anagyrus dactylopii*（Howard）宽缘金小蜂*Pachyneuron* sp.可有效控制该虫危害。

(4) 化学防治　枣树发芽前喷洒5%柴油乳剂或3～5波美度石硫合剂，用药时间应选在初孵若虫盛发期，该虫多在傍晚和夜间取食，白天藏于树皮缝内，故喷药宜在傍晚进行。各代若虫发生期可用1～2波美度石硫合剂，松脂合剂25～30倍液，40%毒死蜱乳油1000倍液、48%乐斯苯乳油1500倍液、99%绿颖乳油2000倍液喷雾防治。

（九）苹果绵蚜

1. 寄主、分布与危害

苹果绵蚜*Eriosoma lanigerum*（Hausmann）属同翅目绵蚜科。原产于美国，20世纪20年代传入我国，是国内重要的检疫对象。目前在山东、河北、河南、陕西、辽宁、江苏、云南、西藏、甘肃、新疆等地有分布。主要寄主有苹果、梨、李等。主要危害寄主枝干和根，喜食植物嫩梢、叶腋、嫩芽、根等部位，吸取汁液。苹果绵蚜大量吸食苹果树营养液，枝干被害后逐渐隆起形成瘤状突起，破裂后形成畸形伤口，使树体衰弱。果实受害后发育不良，易脱落，可造成苹果减产4.1%～38.8%。侧根受害形成肿瘤后，不再生须根，并逐渐腐烂。近年来，全疆苹果绵蚜的发生面积逐年扩大，数量越来越多，并有继续蔓延之势。

2. 识别特征

无翅孤雌蚜：体卵圆形，长1.7～2.2mm，头部无额瘤，腹部膨大，黄褐色至赤褐色，背面有大量白色绵状长蜡毛，复眼暗红色，触角6节。有翅孤雌蚜体椭圆形，长1.7～2.0mm，头胸黑色，腹部橄揽绿色，全身被白粉，腹部有少量白色长蜡丝，触角6节。有性蚜体长0.6～1mm，触角5节。若虫分有翅与无翅两型。

3. 发生危害规律与习性

苹果绵蚜营孤雌生殖以无翅胎生为主，因地区不同、发生代数不同，每年少则8～9代，最多达21代；世代重叠明显。以1～2龄若虫在枝干粗皮裂缝、剪锯口、虫害伤口及残留在树体上的吊绳、浅土层根部等部位越冬。平均气温达到8.4℃时越冬若虫开始活动，出蛰高峰在4月上旬，4月中旬出蛰结束。苹果绵蚜在树上靠1龄若虫爬行迁移。有3次迁移过程，第一次在苹果展叶至开花初期，爬到越冬场所附近的嫩梢、叶腋以及嫩芽等处定居。第二次迁移在6月上中旬，第二代若虫向上爬到枝干伤疤边缘、剪锯口缝及较远的新梢、叶腋处。第三次迁移在6月中下旬，可爬到嫩梢顶端(图2-76、图2-77)。

◎ 图2-76　枝条上的苹果绵蚜虫体

◎ 图2-77　苹果绵蚜危害苹果嫩梢

苹果绵蚜的远距离传播，主要是靠人的活动；近距离扩散除由风、人为携带外，主要是靠有翅蚜的迁飞。6月下旬有翅蚜出现，8月下旬至10月中旬，是扩散的主要时期，到10月中旬以后逐渐停止扩散，当年扩散距离可达200米左右。

4. 防治措施

(1) 加强检疫　苹果绵蚜是检疫对象，禁止从绵蚜发生地调入苗木和接穗，如发现已调入的苗木和接穗上有绵蚜，应及时用药剂进行灭蚜处理。

(2) 人工防治　每年早春和秋末果树发芽前或落叶后刮除枝干的粗皮裂缝中、剪锯口、病虫伤疤边缘等部位的越冬若虫。降低越冬虫口数量。

在苹果绵蚜第一次迁移前用稀泥涂抹果树枝干上的剪锯口和病虫伤疤，然后用塑料薄膜包裹，闷死绵蚜；也可在稀泥中少量加入化学药剂毒杀绵蚜。

(3) 生物防治　保护利用大草蛉*Chrysopa septempunctata* Wesmael、七星瓢虫*Coccinella septempunctata* L.、黑缘红瓢虫*Chilocorus rubidus* Hope、二星瓢虫*Adalia bipunctata*（Linnaeus）、白斑鼓额食蚜蝇*Lasiopticus albomaculatus*（Macquart.）、短刺刺腿食蚜蝇*Ischiodon scutellaris* Fabric、大灰食蚜蝇*Metasyrphus corollae*（Fabricius.）、全脉蚜茧蜂*Ephedrus* sp.、盾蚜茧蜂*Diacretus* sp.、菜蚜绒茧蜂*Diaeretiella rapae* (Mintosh.)、丽蚜小蜂*Encarsia formosa* Gahan、食虫虻*Erax tateratis* macq.等天敌昆虫。

(4) 化学防治 一是抓好每年4月下旬至5月上旬苹果绵蚜第一次迁移之前防治；二是抓好5月中旬至6月中旬，第二、三次迁移时期防治；三是秋季苹果绵蚜发生高峰时，一些果树早熟果实采摘后防治。选用10%吡虫啉可湿性粉剂3000～4000倍液、20%杀灭菊酯乳剂3000倍液或20%啶虫脒乳油喷雾防治。

（十）桃蚜

1. 寄主、分布与危害

桃蚜*Myzus persicae*（Sulzer）又名烟蚜、桃赤蚜。属同翅目，蚜科。寄主有桃、杏、苹果、梨、山楂、樱桃等共200多种。该虫群栖在叶背和嫩梢刺吸危害，造成营养不良，叶子卷曲变形，影响树木正常生长和果品产量。桃蚜还是植物病原病毒的传播者。

2. 识别特征

无翅孤雌胎生蚜体长2.4mm左右，体绿色、褐色和杏黄色，有翠绿色背中线和侧横带。夏季白色至淡黄绿色，秋季有的带红褐色。腹管淡色，顶端稍暗，稍长于触角第三节。有翅孤雌胎生蚜体长约2mm，翅展为6.4mm左右。头和胸部黑色，腹部浅绿色，腹管稍短于触角第三节，触角第三节有次生感觉圈9～11个，在外缘全长排成1行。卵椭圆形，初为绿色，后期黑色，有光泽。若蚜体小，浅红色，只有翅芽(图2-78)。

◎ 图2-78 桃蚜成虫及若虫

3. 发生危害规律与习性

桃蚜每年发生代数因地区而异，在北疆10～20代，在南疆25～35代。以卵在寄主叶芽和花芽上越冬。翌年3月中旬（南疆）卵孵化为干母；危害桃树幼叶，成熟后孤雌胎生干雌，4～5月份干雌迅速繁殖，猖獗危害桃树。寄主展叶后，造成叶片卷曲和皱缩。5月至初夏进行孤雌生殖，并产生有翅的迁飞蚜扩散危害。10月产生有翅性母蚜，回迁到树木冬寄主上，性母蚜产生性雌蚜和性雄蚜，交配后产卵，以卵越冬。桃蚜在春季随着气温增高而加速繁殖，夏季高温多雨时节，虫口密度下降，秋季又出现个小高峰。在气温适宜时，7天完成1代。天敌有大草蛉、龟纹瓢虫、红缘瓢虫、二星瓢虫、日光蜂、蚜茧蜂、蚜小蜂、食蚜蝇和食虫虻等(图2-79)。

◎ 图2-79 桃蚜危害状

4. 防治措施

(1) 人工防治 早春时在果树上用清水冲洗刷树皮裂缝和叶芽、花芽上的蚜虫，降低虫口数量。

(2) 物理防治 秋季桃蚜迁飞时，用塑料黄板涂粘胶诱集。

(3) 生物防治 保护利用七星瓢虫*Coccinella septempunctata* L.、双斑唇瓢虫*Chilocorus bipustulatus*（Linnaeus）、龟纹瓢虫*Propylaea japonica* (Thun)、大草蛉*Chrysopa septempunctata* Wesmael、短斑普猎蝽*Oncocephalus confusus* Hsiao、双刺胸猎蝽*Pygolampis bidentata* Goeze、东亚小花蝽*Orius saunteri* (Poppius)、北方食蚜蝇*Cinxia borealis* Flln、黑带食蚜蝇*Episyrphus balteatus* De Geer.、菜蚜茧蜂*Diaeretiella rapae*（M'Intosh）、丽蚜小蜂*Encarsia formosa* Gahan、食虫虻*Erax tateratis* macq.等天敌昆虫，这些昆虫对桃蚜有很强的抑制作用，因此尽量少喷洒化学农药，以发挥天敌的自然控制能力。

(4) 化学防治 蚜虫发生严重地区，越冬卵量较多时，在桃芽萌动前喷洒柴油乳剂，杀灭越冬卵；果树发芽前，喷施3波美度石硫合剂，以消灭越冬卵和初孵若虫（柴油乳剂不能与石硫合剂同时使用或混用，使用期必须间隔10～15天）。

桃树开花前，即越冬卵孵化、若蚜集中在新叶上危害时，应及时细致地喷洒10%吡虫啉可湿性粉剂3000～4000倍液、20%杀灭菊酯乳剂3000倍液、5%啶虫脒乳油2000倍液。

桃树生长期桃蚜发生严重时，喷施25%吡蚜酮3000倍液，或50%抗蚜威1000倍液防治，或用10%蚍虫啉可湿性粉剂3000～4000倍液。

从桃树落花后至初夏和秋季桃蚜迁飞回桃树时，可以10%吡虫啉可湿性粉剂3000～4000倍液、20%杀灭菊酯乳剂3000倍液、5%啶虫脒乳油2000倍液交替使用进行防治。

（十一）中国梨木虱

1. 寄主、分布与危害

中国梨木虱*Cacopsylla chinensis* Yang et Li又称中国梨喀木虱、梨木虱，属同翅目木虱科。中国已知危害梨的木虱有19种，中国梨木虱为主要危害种。新疆梨树木虱有疆梨喀木虱*Cacopsylla jiangli*（Yallg et Li）、梨喀木虱*c. pyri*（L.）、中国梨喀木虱*C. chinensis*（Yang et Li）3种。

中国梨喀木虱分布普遍，以北方梨产区如河北、河南、山西、山东、陕西、甘肃等地较为常见，在新疆，分布于巴音郭楞蒙古自治州各县(市)。

疆梨喀木虱是新疆危害梨树最主要的种类，广泛分布于新疆伊犁地区和南疆各地。

梨喀木虱在新疆分布于伊宁。

梨木虱类食性比较专一，主要危害梨树。其危害主要有两个方面，一是成虫和若虫群集刺吸嫩芽、花蕾、叶片、嫩梢以及果实液汁，致使叶片大量卷褶，花蕾萎缩不能开放，果实表面出现黑斑，果小，品质差；二是若虫分泌大量蜜露，并形成蜜滴顺叶流下，使叶片粘连在一起，诱发多种病原菌寄生，发生煤污病。严重发生时，黑色霉菌布满整个树体，影响光合作用，污染果实和叶片，导致叶片早落，树势衰弱，枝条生长停顿，不结实，以致冬季受冻。果实被蜜露、黑色霉层污染，产量降低，等级下降，商品率低甚至丧失其商品性。

2. 识别特征

(1) 成虫 有冬型和夏型两种，冬型成虫较大，体长2.8～3.2mm，体褐色至暗褐色，胸背部有黑褐色斑纹，前翅后缘在臀区有明显褐斑。夏型成虫体小，长2.3～2.9mm，初羽化时体色为绿色，后变黄色至污黄色，胸背部有褐色斑纹，翅上均无斑。雄虫腹部第九节宽大阳基上翘。雌虫腹部末端尖，背视肛环呈菱形(图2-80、图2-81、图2-82)。

(2) 若虫 初孵若虫扁椭圆形，淡黄色或或白色，逐渐变为绿色，复眼红色，触角末端黑色。3龄若虫呈扁圆形，出现黄褐色翅芽突出于体两侧。腹部边缘排列长毛。

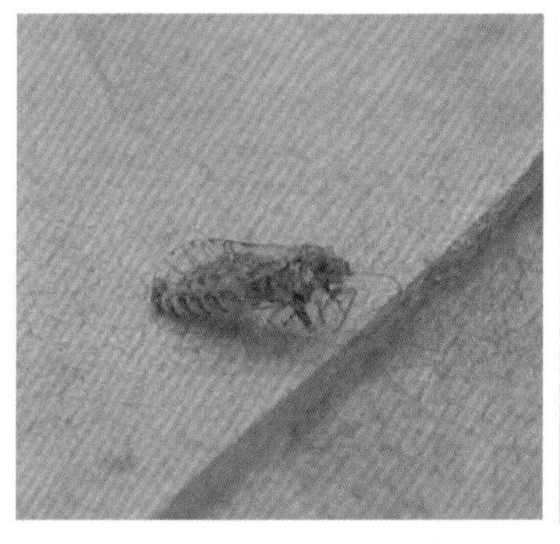
◎ 图2-80 中国梨木虱冬型成虫

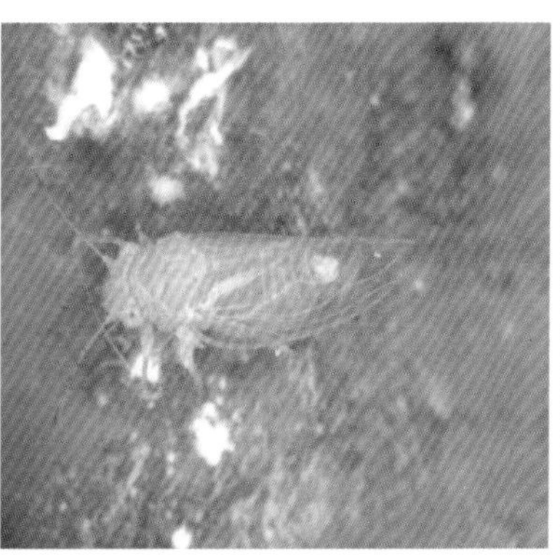
◎ 图2-81 中国梨木虱夏型成虫

◎ 图2-82 中国梨木虱若虫

(3) 卵 长约0.3mm，长圆形，一端有一短突起固定在植物组织上(图2-83、图2-84、图2-85)。

◎ 图2-83 中国梨木虱成虫交配

3. 发生危害规律与习性

1年发生5～6代，世代重叠，主要以冬型成虫在树皮树干裂缝、果园地面落叶或杂草中越冬。早春当日平均气温达到0℃以上时成虫即出蛰活动。在梨芽膨大和开绽期间，雌虫产卵于果枝芽基部或树皮裂缝下，越冬成虫产卵期可持续40余天，香梨盛花期为第一代若虫孵化盛期，若虫钻入芽内危害。5月中旬第一代成虫开始产卵，卵单产，多产于新梢及叶柄沟、叶缘锯齿间和叶脉两侧。各代成虫发生期大致是第一代5月上旬，第二代6月上旬，第三代7月上旬，第四代8月中旬。9月底至10月中旬大量冬型成虫出现并转入越冬。成虫早春有假死性。越冬成虫将卵产在短果枝叶痕处及芽腋间，成线状排列；展叶期将卵产在柔嫩组织的茸毛间、叶正面主脉沟内和叶缘齿间；夏型成虫产卵于果台、嫩梢新叶和花蕾等幼嫩组织处，坐果后卵产于叶面主脉沟内、叶柄沟内或叶缘锯齿处及新梢尖端的绒毛处。冬型成虫耐低温，寿命长，产卵量大，平均每雌可产卵290粒。若虫有群集性，多栖息于背光的叶簇间、卷叶内，尤以叶丛密生处较多，并匿居于自身

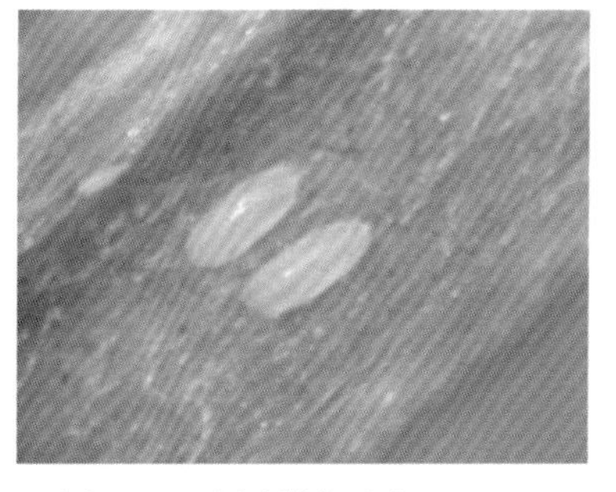
◎ 图2-84 中国梨木虱卵

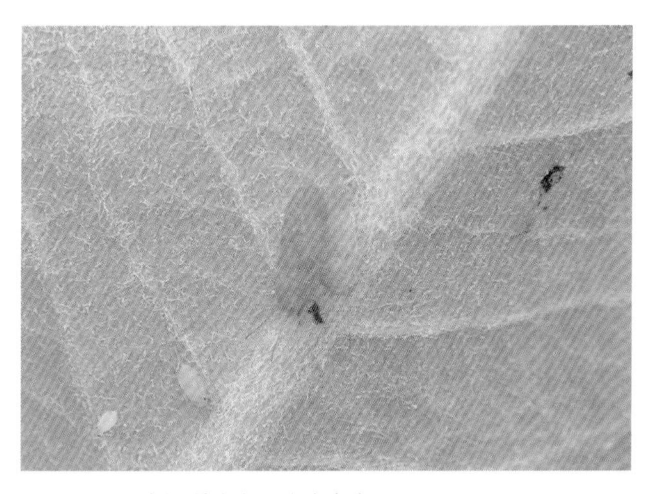
◎ 图2-85 中国梨喀木虱成虫产卵

分泌的蜜露黏液中，老龄若虫常分泌白色蜡丝。夏型成虫活泼善跳，多在叶背栖息交配或在枝叶间跳跃飞翔。每雌平均产卵60～200粒，多者可达290～400粒（图2-86、图2-87）。

◎ 图2-86　中国梨喀木虱危害果实

◎ 图2-87　中国梨喀木虱危害引发的煤污病

已知的天敌有花蝽、瓢虫、草蛉、蓟马、肉食性螨及寄生蜂，花蝽及瓢虫抑制作用最大。高温、干旱年份发生重。传播扩散主要靠苗木的调运、果品的流通及风的传送。

4. 防治措施

(1) 营林防治　结合夏季修剪，摘除新梢顶部5、6片叶片上的卵和幼虫，带出果园外集中处理，可使果园通风透光良好，减轻"煤污病"的发生。冬季合理修剪，剪下枝条上的越冬虫体。秋季在果实收获后，及时清除果园地面、边埂、水渠内残枝落叶和杂草，刮除树干及主枝上的老翘皮，及时拉出果园外烧毁，并堵塞树洞裂缝，降低越冬虫源。

(2) 生物防治　保护利用东亚小花蝽*Orius sauteri* (Poppius)、七星瓢虫*Coccinella septempunctata* L.、普通草蛉*Chrysopa carnea* Stephens、双刺胸猎蝽*Pygolampis bidentata* Goeze、塔六点蓟马*Scolothrips takahashii* Prisener等寄生蜂，发挥其自然控制梨木虱的作用。

(3) 化学防治　在果园内用杀菌剂代森锰锌防治果树煤污病，同时可兼治初孵化若虫，而不影响其捕食性天敌。香梨开花前后是防治的关键时期，此时梨树梢未发叶，成虫及卵均暴露在枝条上，应抓住越冬成虫出蛰至第一代卵孵化盛期，集中进行化学防治。越冬成虫可用5%敌杀死乳油4000倍液或5%来福灵乳油3000倍液喷洒树干；花前喷施5波美度石硫合剂，花后用苦参碱水剂1000倍液叶面喷雾。第一代若虫期和成虫出现前期可喷洒5%敌杀死乳油4000倍液或25%奎硫磷乳油2500倍液防治。香梨收获后及时用20%灭扫利乳油3000倍液或20%螨可乳油1500倍液喷雾清园，可兼治叶螨。

（十二）葡萄二星叶蝉

1. 寄主、分布与危害

葡萄二星叶蝉*Eryhroneura apicalis* Nawa，别名葡萄斑叶蝉，属同翅目叶蝉科。近几年吐鲁番、哈密、阿克苏、阿图什、喀什、和田、玛纳斯等地发生严重。以成虫、若虫聚集在叶背刺吸危害，使叶片失绿，出现密集的白斑，严重时叶片苍白焦枯，影响枝条成熟和花芽分化。此虫分泌物污染果面，使其果实干瘪，品质下降，失去商品价值，造成严重的经济损失，同时还可传播多种植物病原病毒。除危害葡萄外，还危害苹果、梨、桃、樱桃、山楂及多种花卉。

◎ 图2-88　葡萄二星叶蝉成虫

2. 识别特征

(1) 成虫　体长2.9～3.7mm，有红褐色及黄白色两型。越冬前的成虫皆为红褐色。头顶有两个明显的圆形黑斑，前胸背板前缘有几个淡褐色小斑点，中央具有暗褐色纵纹。小盾板前缘左右各有个三角形黑纹。翅透明，上有淡黄色及深浅不同的红褐色相间的花斑，翅端部呈黑褐色条纹。个体间斑纹的颜色变化较大，有的全无斑纹(图2-88)。

(2) 卵　黄白色，长椭圆形，稍弯曲，长约0.2mm。

(3) 若虫　初孵时白色，后变深，有红褐和黄白两种色型。黄白色型，体淡黄色，尾部不向上举，老熟时长约2mm左右，生有黑色翅芽。红褐色型，尾部向上举，成熟时体长约1.6mm(图2-89)。

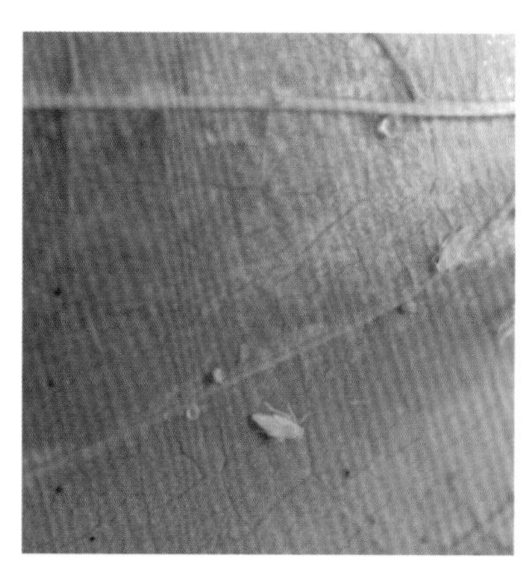

◎ 图2-89　葡萄二星叶蝉若虫

3. 发生危害规律与习性

1年发生3代，以成虫在葡萄园的土缝里、杂草或落叶下越冬。翌年春季葡萄发芽前，越冬成虫即在桃、梨、樱桃、山楂嫩叶上吸食汁液。当葡萄展叶、花穗出现前后再转到葡萄危害，并产卵于叶背面的叶脉内或绒毛中，产卵的伤痕呈淡黄色。5月中下旬为第一代若虫及种群数量高峰期，6月上中旬第一代成虫出现，6月中旬第二代若虫开始孵化，并于6月下旬出现第二代若虫孵化高峰。此时一、二代世代重叠，若虫及种群高峰期持续时间较长，第二代成虫8月中旬出现，而且发生最多，8月上旬末出现第三代若虫和种群数量高峰，由于多代世代重叠，种群数量达到最高。第三代成虫9、10月间最盛。在葡萄整个生长季节均受其害。成虫先从蔓条基部老叶上发生，逐渐向上部叶片蔓延，不喜欢危害嫩叶。一般通风不良的棚架，杂草繁生的、管理差的葡萄园发生严重。在干旱少雨的年份发生重，尤其是春天气温高的年份，危害更加明显(图2-90、图2-91)。

4. 防治措施

(1) 营林防治　秋后要彻底清除园内枯枝落叶和杂草，减少越冬成虫。在葡萄生长期，要加

◎ 图2-90　葡萄二星叶蝉危害叶片

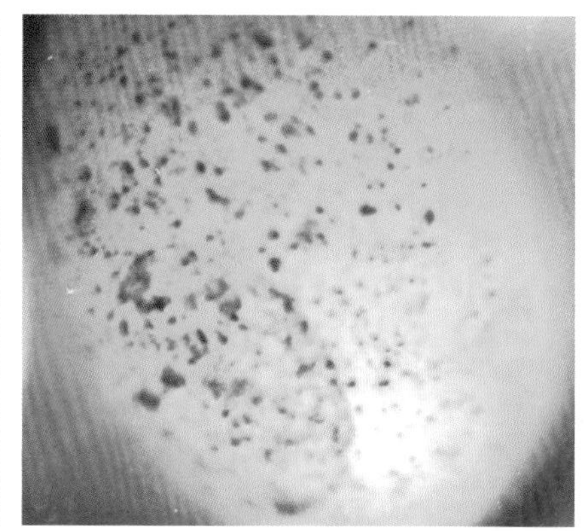

◎ 图2-91　葡萄二星叶蝉危害果实

强田间管理，合理用修剪、抹芽、摘心、绑蔓等措施使葡萄枝叶在架上分布均匀、架面通风透光良好，减少该虫发生。

(2) 物理防治 在每年4月上中旬至9月下旬在葡萄架下面悬挂黄板诱杀成虫，黄板悬挂高度与地面相距10cm为宜。密度为每亩20～30块，每个月换1次。

(3) 生物防治 保护利用黄蝶角蛉*Ascalaiphus macaronius* Scop.、褐带赤蜻*Sympetrum pedemontanum* Allioni、方头隆线隐翅虫*Lathrobium univolor* Kr.、五点黄翅隐翅虫*Philonthus minutus* Bohemen、平原虎甲*Cicindela campestris* L.、方斑瓢虫*Propylaea quatuordecimpunctata* L.、龟纹瓢虫*Propylaea japonica* (Thun)、短斑普猎蝽*Oncocephalus confusus* Hsiao、双刺胸猎蝽*Pygolampis bidentata* Goeze、显脉土猎蝽*Coranus hammarstroemi* Reuter、蠋敌*Arma chinensis* Fallou等天敌昆虫对葡萄二星叶蝉有很强的抑制作用，因此尽量少喷洒化学农药，发挥天敌的自然控制能力。

(4) 化学防治 在每年4月下旬至5月上旬若虫盛发期，第一代成虫尚未出现之前，当叶片受害率达新枝叶片全数的10%以上时，要立即喷洒48%乐斯苯1500倍液，10%扑虱灵乳油3000倍液，5%康复多乳油5000倍液，10%净乳油3000倍液1遍，或2.5%菜喜悬浮剂1500倍液等药剂进行防治。5月中下旬第一代若虫发生时喷洒0.3%印楝素乳油2000倍液，25%阿克泰7500~10 000倍液。9月中下旬越冬成虫迁移前喷洒蚧虫毒1500倍液，3%啶虫脒2000倍液等。

（十三）大青叶蝉

1. 寄主、分布与危害

大青叶蝉*Cicadella viridis* (Linnaeus)广泛分布于我国各地。主要危害苹果、桃、梨、李、山楂等蔷薇科的果树和葡萄、桑树、核桃、枣、沙枣。它有两种危害方式，一是若虫、成虫刺吸幼树的主干和老树的嫩枝干、树叶汁液、引起叶色退绿变黄、提早落叶，枝干失水而干枯，削弱树势。二是以成虫在树干、枝条的树皮上产卵形成月牙形伤痕，造成枝干损伤，水分蒸发量增加，引起枝条抽干或冻害，使树木生长衰弱，或来年春季感染树木腐烂病，严重者造成幼树和枝条干枯死亡。

2. 识别特征

(1) 成虫 雌成虫体长9～10mm，雄成虫体长7～8mm。体黄绿色。头部鲜黄色，两颊微青，头部背面具单眼2个，单眼之间有2个多边形黑斑。触角窝上方、两单眼之间有1对黑斑。复眼绿色。前胸背板淡黄绿色，后半部深青绿色。小盾片淡黄绿色，中间横裂痕较短，不伸达边缘。前翅革质，绿色带有青蓝色泽，前缘淡白，端部透明，具有狭窄的淡黑色边缘，翅脉为青黄色。后翅膜质，烟黑色，半透明。腹部背面蓝黑色，两侧及末节色淡，为橙黄带有烟黑色，胸、腹部的腹面及足橙黄色，跗爪及后足胫节内侧有细条纹，刺列的每一刺基部黑发色(图2-92)。

(2) 卵 卵乳白色，长卵圆形，长1.6mm，宽0.4mm，一端稍细，中间微弯曲，表面光滑（图2-93）。

(3) 若虫 初孵化的若虫黄白色，微带黄绿，以后逐渐变深。头大腹小，复眼红色。初孵2～6天后体色渐变淡黄、浅灰或灰黑色。3龄后变为黄绿色，并出现翅芽。老熟若虫体长6～7mm，

◎ 图2-92　大青叶蝉成虫

◎ 图2-93　大青叶蝉产卵痕

头冠部有2个黑斑，胸背及两侧有4条褐色纵纹直达腹端。

3. 发生危害规律与习性

大青叶蝉在新疆1年发生2代，以卵在各种树木的嫩枝和幼树主干皮层内的月牙形产卵痕中越冬。越冬代卵在翌年4月下旬日平均气温达8℃时开始孵化，5月上旬若虫大量出现，初孵若虫常喜群聚取食，3天后大多由原来产卵寄生植物转移到农作物上危害。第一、二代若虫主要危害禾本科植物、甘薯、大豆、玉米、花生和杂草等。若虫共5龄，3龄后善跳跃。第一代若虫期43.9天，第二代若虫均为24天。成虫飞翔能力较弱，遇惊后可斜行或横行逃避，如惊动过大，便跃足振翅而飞。成虫的趋光性很强，喜在潮湿背风处活动。雌成虫产卵时用锯状产卵器锯破寄主植物表皮，形成月牙形产卵痕再将卵成排产于表皮下，每头雌虫产卵3～10块，每块卵2～15粒，夏季第一代卵多产于芦苇、野燕麦等禾本科植物的茎秆和叶鞘上，卵期9～15天；第二代越冬卵产于林果木幼嫩光滑的枝条和主干上，并以此卵越冬，卵期长达5个月以上。

4. 防治措施

(1) 加强检疫 在调运种苗时要严格进行检疫，发现苗木上有卵块就及时剪掉有卵枝干集中烧毁；对受害严重的苗木严禁出圃，应做平茬处理，防止人为扩散。

(2) 营林措施 在果园内不间作大青叶蝉喜食和产卵的作物。

(3) 人工防治 成虫出蛰后一般早晨不活跃，可在露水未干时用网捕杀；每年6月中下旬是产卵盛期，在果园和农田周围进行除草灭卵；8月中下旬在第一代成虫迁回果园前，清除果园杂草，减少成虫迁入量；冬季及早春树木休眠期修剪果树低层侧枝及带卵枝条，减少越冬虫源；入冬前在树干1.2m以下涂刷食盐石灰浆可灭杀部分越冬卵。

(4) 物理防治 每年5月中旬至6月中旬、8月中旬至9月中旬于成虫盛发期，在果园内安装频振式诱虫灯诱杀。

(5) 生物防治 保护利用小枕异绒螨*Allothrombium pulvinum* Ewing、斜纹猫蛛*Oxyopes sertatus* L.、古卷叶蛛*Archaedictyna consecuta* (O.P.Cambridge)、横纹金蛛*Argiope bruennichii* Scopoli、蠋蝽*Arma chinensis* Fallou、双刺胸猎蝽*Pygolampis bidentata* Goeze、华姬蝽*Nabis sinoferus* Hsiao、罗思尼斜结蚁（小黄蚂蚁）*Plagiolepis rothneyi* Forel和亮腹黑褐蚁*Formica* *gagatoides* Ruzsky等天敌。要合理使用农药，提高其自然寄生率，保护天敌。

(6) 化学防治 在各代若虫孵化盛期可用25%的灭幼脲3号悬浮剂或40%乐斯苯乳油3000倍液、10%吡虫啉可湿性粉剂2500倍液喷雾防治，每代喷药1遍即可，施药时要注意喷布均匀。喷药前可将果园内杂草铲除一部分，保留一部分作为诱虫草，然后集中喷药防治。

每年9月初成虫迁入果园、林带后可喷洒20%叶蝉散乳油800倍液、25%速灭威可湿性粉剂600～800倍液、20%杀灭菊酯乳油1500倍液、30%双效菊酯乳油5000倍液、2.5%敌杀死或50%抗蚜威超微可湿性粉剂3000～4000倍液防治，阻止成虫在果树及林木上产卵。

（十四）桃条麦蛾

1. 寄主、分布与危害

桃条麦蛾*Anarsia lineatella* Zeller，别名桃果蛀虫、桃梢蛀虫、沙枣蛀梢虫等，属鳞翅目麦蛾科。

寄主有桃树、杏树、苹果、扁桃、李、酸梅、沙果、沙枣等。分布于华北、西北各地，新疆南、北疆各地都有分布。以幼虫危害芽、嫩梢和果实。

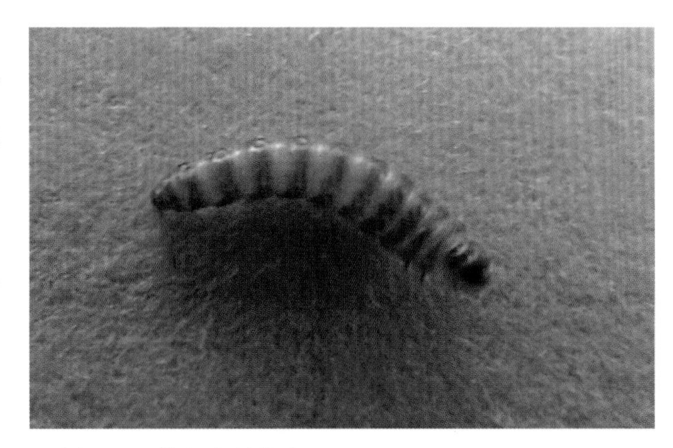

◎ 图2-94　桃条麦蛾幼虫

2. 识别特征

(1) 成虫 体长5.5～7mm，翅展12～15mm，体背面灰黑色，腹面灰白色，触角丝状，长度超过前翅的一半，前翅披针形，黑灰色，后翅灰褐色，基部缘毛长。

(2) 卵 长椭圆形，长0.5mm，宽0.3mm，表面有不规则的皱纹，初产时为白色，孵化前为灰紫色。

(3) 幼虫 体长10～12mm，前胸背板及胸足黑褐色，胴部污白色，全身毛片淡褐色(图2-94)。

(4) 蛹 长5～6mm，黄褐色。

◎ 图2-95　桃条麦蛾危害状

3. 发生危害规律与习性

在乌鲁木齐1年发生4代，以幼虫越冬。翌年4月上中旬，当沙枣叶萌动或冬芽膨大时，越冬幼虫开始危害芽和蛀食嫩梢，随着新稍的老化和幼果的膨大，后期幼虫多直接危害幼果，幼虫一般在梢内蛀食1星期左右，然后从梢端蛀孔钻出，爬行或吐丝下垂，转移到另外的枝梢上继续蛀食数日后钻出，在干枯的卷叶或稍部干枯的蛀孔内化蛹，蛹期约10天(图2-95)。成虫多在零点以后羽化，到第二天天黑后飞翔交配并产卵。卵成堆产于叶主脉两侧、嫩枝叶脉或果实上。雌虫产卵量平均为29

粒。卵期为4～9天。成虫有较强的趋糖醋习性。雌虫寿命7～8天，雄虫寿命3～4天。一般约1个月完成1代。越冬代、第一代、第四代主要蛀食嫩梢，第二、三代不但蛀食嫩梢，还蛀食多种果树果实，包括子房、嫩果的核仁及大果果肉。第四代幼龄幼虫于10月上中旬选冬芽或伤疤等隐蔽处所越冬。

4. 防治措施

(1) 加强检疫 桃条麦蛾可通过桃接穗传播，应加强检疫工作。

(2) 营林防治 晚秋和春季抓好果园清洁，清除地下落果，填补树开裂干及枝条裂缝。桃树生长期剪去蛀梢，深埋或烧灭。落叶后刮除老树皮，及时深埋或烧掉。对主干、大主枝基部进行涂白。涂白剂的配方：硫磺粉1kg、生石灰10kg、水40kg，加少量面粉作黏合剂。

(3) 物理防治 从4月开始，在寄主主干20～30cm部位绑20cm宽的布料，每7天检查一次，把集中的幼虫杀死。

利用成虫趋糖醋液的食性，按糖:醋:水=1:2:15的比例准备糖醋液，将容器放在树干1～1.5m处诱杀成虫。

(4) 化学防治 桃花膨大现红时或在落花后(3月下旬至4月上旬)喷第一次农药。第二次喷药在5月下旬至6月上旬。第三次喷药在7月上旬。常用农药为20%除虫脲悬浮剂2500～3000倍液、25%灭幼脲III号悬浮剂1500～2000倍液、0.3%印楝素乳油2500～3000倍液等。

（十五）枣叶瘿蚊

1. 寄主、分布与危害

枣叶瘿蚊*Dasineura datifolia* Jiang俗称枣蛆、卷叶蛆、枣芽蛆，属双翅目瘿蚊科。

广泛分布于华北、西北、华东等各个枣产区。目前在新疆阿克苏、吐鲁番、哈密、巴州的若羌、且末等地发生较严重。以幼虫危害枣树嫩叶、花蕾和幼果。枣树萌芽而叶片尚未展叶时，第一代幼虫就开始危害嫩芽和幼叶。幼叶受害后，不能正常展开，危害部位出现红肿症状，从叶片两侧叶缘向正面纵向翻卷，呈筒状；受害部分呈紫红色，变硬发脆；危害较重的叶片逐渐枯萎脱落。花蕾受害后，畸形膨大，不能正常开放，逐渐枯黄脱落。危害幼果时，幼虫在果肉内蛀食，果面出现红色，致使幼果不能正常生长而变黄脱落；危害轻的幼果随果实膨大受害部位变硬，形成畸形果。

2. 识别特征

(1) 成虫 雌性成虫触角2+11(12)节，鞭节几乎无端颈，端部两节愈合；翅长1.1～1.29mm；第八腹节背板膜质，具2条倒“八”字形深褐色骨片；腹部2～7节腹板前后分离，各具1排刚毛，稀被鳞片；产卵器可翻缩；肛尾叶愈合，长卵形。雄性成虫触角2+12节，鞭节除第一节具短端颈和短鞭节无端颈外，其余各节均具长端颈；翅长1～1.1mm，前翅被微毛，前缘被鳞片，R5脉在翅顶前与C脉相接，Cu脉分叉；足细长，密被褐色鳞片，各足胫节明显长于腿节；腹部第二节至第七节腹板前后分离，各具1排刚毛，其余部分稀被鳞片(图2-96)。

(2) 卵 长约0.3mm，长椭圆形，一端稍狭，琥珀色；卵外有一层胶质。

(3) 幼虫 体长1.5～2.9mm，乳白色，无足，蛆状。中胸腹面具有琥珀色“Y”形剑状骨片。幼虫腹末有2个角质化的圆形突起(图2-97)。

(4) **蛹** 长1.5～2.0mm，初为乳白色，后变黄褐色。头部顶端具额刺1对。茧椭圆形，长1.5～2mm，灰白色，胶质外附土粒。

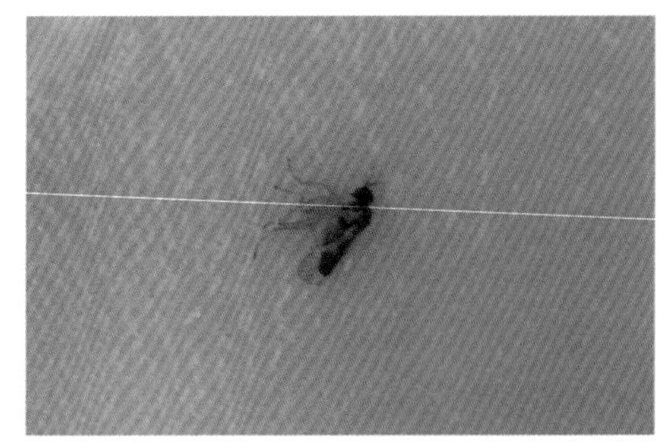

◎ 图2-96　枣叶瘿蚊成虫

3. 发生危害规律与习性

枣叶瘿蚊在新疆南疆1年发生4～5代，以最后一代老熟幼虫在浅土层中做茧越冬。4月中下旬越冬代成虫羽化，4月下旬至5月上旬雌虫开始产卵，产卵时间20～30分钟。4月下旬第一代幼虫出现，第二代发生在6～7月，此时是枣叶瘿蚊危害高峰期，以后世代重叠，从8月份开始危害减弱。8月下旬最后一代老熟幼虫入土做茧越冬。

枣叶瘿蚊的发生程度与树龄、品种、长势和枣树发育期等有关，灰枣受害最重，赞皇枣、李枣等大果型品种受害较轻。同一品种生长旺盛的受害较重，生长较弱的受害轻。危害高峰期正是枣树生长的旺盛期，枣树生长进入缓慢时危害停止。枣叶瘿蚊对空气湿度敏感(图2-98)。

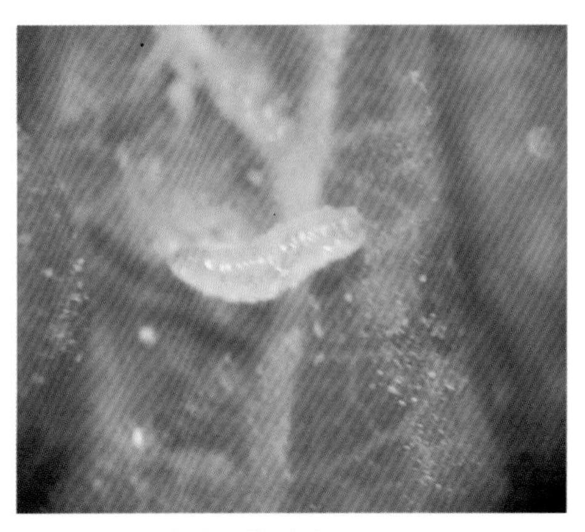

◎ 图2-97　枣叶瘿蚊幼虫

◎ 图2-98　枣叶瘿蚊危害状

4. 防治措施

(1) **营林防治** 合理施肥，增强树势。11月中下旬落叶后，按60～75t/hm^{2}农家肥的施肥量施基肥；4月上中旬萌芽期，5月下旬至6月上旬开花坐果期及6月下旬幼果发育期追肥。

秋末冬初，彻底清除园内的枯枝落叶集中销毁，减少越冬虫源。入冬前对树盘进行深翻；5～7月生长季摘除虫叶，集中销毁。

(2) **人工防治** 树干堆土和树冠下覆盖塑料薄膜阻止成虫出土、幼虫入土。6月上旬，在距离主干1m范围内，培高约12cm的土堆，拍打结实，防止羽化成虫出土。8月下旬可采取在树冠下覆盖塑料薄膜的措施，阻止幼虫入土越冬。

(3) **物理防治** 黄板诱杀成虫。4月中下旬至8月下旬在红枣树冠中部悬挂黄板，隔3棵挂1个，每月更换1次黄板。

(4) **化学防治** 引进苗木时栽植前用48%乐斯苯乳油2000倍液或3～5波美度石硫合剂对苗木进行全面喷洒，清除苗木上残存的害虫。

地面喷药：4月下旬至5月上中旬，在树冠下地面上喷1～2次药。选用25%辛硫磷乳油1000倍液，90%的敌百虫乳油1000倍液，防治表土中的越冬代幼虫、蛹和成虫。

树冠喷药：枣树萌发前在枣园树体喷洒5波美度石硫合剂，在枣树萌芽而尚未展叶时，喷洒10%吡虫啉乳油3000倍液、0.3%印楝素乳油3000倍液或48%乐斯苯乳油2000倍液防治第一代幼虫。当发现幼叶受害时，喷48%乐斯苯乳油2000倍液，每隔5～7天喷1次，连喷3～4次。5～6月份喷洒52.25%农地乐乳油，使用浓度为525mg/L；或25%灭幼脲III号悬浮剂500倍液。

（十六）香梨茎蜂

1. 寄主、分布与危害

香梨茎蜂*Janus piriodorus* Yang俗称梨梢茎蜂、梨折梢虫，属膜翅目茎蜂科，是20世纪80年代末发现的新种，寄主为各种梨树，近年在新疆南疆的库尔勒、阿克苏和喀什等地普遍发生，以成虫和幼虫危害香梨、鸭梨、慈梨、砀山梨和杜梨等。

主要危害梨树春梢，当春梢生长至10cm多时，成虫先用锯状产卵器将新梢或叶柄锯开，再产卵，被锯处当时或2～3日后断开，新梢及叶凋萎干枯、脱落形成短橛；幼虫蛀食枝条髓部，虫粪堆于虫道内。香梨茎蜂幼虫不仅危害新梢，而且蛀2年生枝，被害枝条变黑，最后干枯，严重影响树体生长发育，引起整形修剪困难，延缓结果期；成年梨树如果苔副梢被害，会造成僵果和落果，降低产量。

◎ 图2-99　香梨茎蜂雌虫

2. 识别特征

(1) 成虫　雌蜂体长9～10mm，翅展15.5～17.0mm，体黑色有金属光泽，触角丝状，黑色，24节；口器黄至淡黄褐色。上颚端部黑褐色，下颚须细长，淡黄色。翅基、胸部背板两侧及后端为黄褐色，后胸背板与腹部连接处有一三角形膜质区，呈淡黄色。足黄至黄褐色，基节淡黄色；腿节黄褐色，端部黑色。腹部末端黑色生殖刺突内有褐色锯齿状产卵瓣1对。雄蜂体长7～8mm，翅展13.5～15.0mm，体色与雌蜂相近，但腹部末节及交尾器黄色(图2-99、图2-100)。

◎ 图2-100　香梨茎蜂雄虫

(2) 卵 椭圆形，长约1.2mm，宽0.6mm，两端稍尖略弯曲，白色透明且光滑色(图2-101、图2-102)。

◎ 图2-101　香梨茎蜂雌虫产卵

◎ 图2-102　香梨茎蜂卵

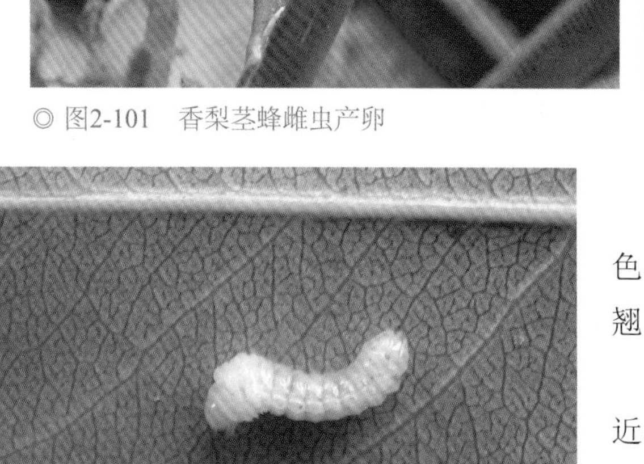

◎ 图2-103　香梨茎蜂幼虫

◎ 图2-104　枝条内香梨茎蜂的蛹

(3) 幼虫 老熟幼虫体长10～11mm，淡黄色，头部暗黄色，胸部向上隆起，体末端上翘，身体呈"～"形(图2-103)。

(4) 蛹 长7～10mm，体白色，复眼黑色，近羽化时体色变黑(图2-104)。

3. 发生危害规律与习性

香梨茎蜂在新疆1年发生1代，以老熟幼虫在被害干梢基部越冬。翌年3月中下旬化蛹，蛹期平均38天。成虫羽化及活动产卵与香梨花期一致，通常在4月中旬为该虫产卵、折梢盛期。卵产于新梢上，卵期约7天，4月下旬至月底开始孵化，至5月上中旬为幼虫蛀食期。幼虫蛀食新梢髓部约20天，5月下旬幼虫开始蛀入2年生枝髓部，到6月初幼虫老熟，停止取食，扭转身体，头向上结薄茧，进入越夏、越冬状态。

成虫白天羽化，先用口器将树皮咬破，继而从塞满虫粪的髓部钻出，树枝上留有圆形羽化孔，钻出的成虫立刻飞走。雌雄交尾后寻找新梢产卵，晴天午后产卵最盛。成虫产卵时，先用触角连续交替触摸嫩茎，再用锯状产卵器将新梢及附近叶柄锯断，然后将针状产卵瓣斜刺入离锯口下方2～4mm处的嫩茎内，一般要在同一新梢上如此连续动作数次，故嫩茎表面常留有一至数个环状锯痕和黑点状产卵孔。通常

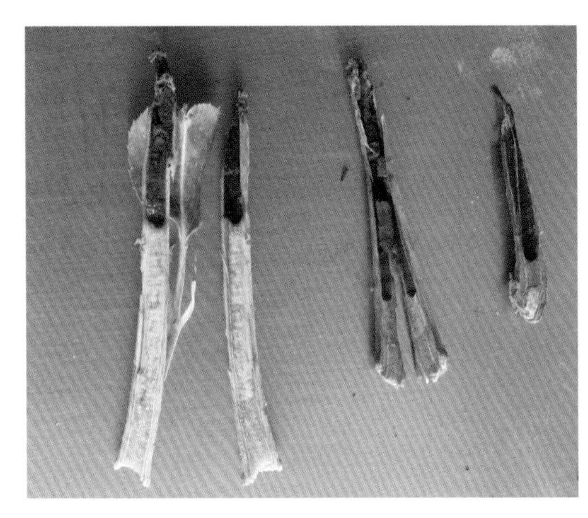
◎ 图2-105 香梨茎蜂幼虫危害状

◎ 图2-106 受害的枝条及幼果

一个新梢只产一粒卵，卵粒斜立镶嵌在嫩茎髓部。雄蜂寿命7～8天，雌蜂可达10天(图2-105、图2-106）。

幼虫孵出后在新梢髓部自上而下钻蛀取食，向体后排出虫粪；当年新梢蛀食完后，继而钻蛀2年生枝条髓部，在2年生枝与1年生枝交叉约1cm处扭转虫体，头朝上结薄茧进入休眠状态。1头幼虫整个幼虫期钻蛀造成的干梢一般长4～7cm，较细新梢可达10cm。干梢内部充满红褐色虫粪，不同龄期幼虫排出的虫粪颜色与坚实程度有所差异，故呈层状。

雄蜂对二氯甲烷性信息素粗提物有明显趋性。调查寄生天敌共有4种，均营单寄生，分属于膜翅目姬蜂总科和小蜂总科，自然寄生率仅在1.44%～2.92%之间。

4. 防治措施

香梨茎蜂羽化、产卵盛期正值香梨盛花期，幼虫孵化后立即钻人新梢内隐蔽蛀食，对其防治较为困难。因此要实施综合治理。

(1) 营林措施 结合冬夏季修剪，剪去成龄大树被害树枝，并带出园外烧毁，消灭越冬和越夏幼虫。对于香梨幼树，应于香梨茎蜂卵期及幼虫初孵期，即5月上旬摘除或剪除被害新梢以消灭卵和幼虫，防止幼虫危害2年生枝。

(2) 化学防治 对未结果的幼树在新梢抽出后喷施杀虫剂。对受害严重的的果园，可于香梨盛花期末喷施0.5%印楝素乳油2000～3000倍液或1.2%苦烟乳油1000倍液等。

第三节 蛀果害虫

（一）李小食心虫

1. 寄主、分布与危害

李小食心虫*Grapholitha funebrana* Treitscheke别名李小蠹蛾，属鳞翅目小卷蛾科。

寄主植物有李、杏、枣、桃、樱桃、郁李、乌荆子等。分布于东北、华北和西北地区，全疆有分布。以幼虫危害李、杏、桃、樱桃等果实，蛀果孔似针眼状小疤，并有少量黄褐色虫粪排出，果实外表可见虫蛀隧道痕迹，不久在入果孔处流出泪珠状果胶。因幼虫在果实内纵横串食，粪便排于果内，果实被害后，无法食用，幼果被蛀多数脱落，成长果被蛀部分脱落，对产量和品质影响极大。

◎ 图2-107　李小食心虫幼虫

◎ 图2-108　李小食心虫幼虫危害状

2. 识别特征

(1) 成虫　体长4.5～7.0mm，翅展11～14mm，体背灰褐色，腹面灰白色。前翅灰褐色，前缘有约18组不太明显的白色斜短纹，近外缘部分隐约可见一月牙形铅灰色斑纹，其内侧有6～7个黑点，缘毛灰白色。李小食心虫与梨小食心虫极相似，其主要区别为李小食心虫前翅前缘白色斜短纹较多——18组而不十分明显，梨小食心虫较少——10组而明显；梨小食心虫前翅中室端部附近有一明显小白点，而李小食心虫无此白点。

(2) 卵　扁平圆形，中部稍隆起，长0.6～0.7mm。初乳白后变淡黄色。

(3) 幼虫　老熟幼虫体长约12mm，桃红色，腹面色淡。头、前胸背板黄褐色，臀板淡黄褐色或桃红色，上有20多个小褐点，臀栉5～7齿，腹足趾钩为双序环式，趾钩23～29个；臀足趾钩13～17个(图2-107、图2-108)。

(4) 蛹　长6～7mm，第二至第七腹节背面各具2 排短刺，前排较大，腹末生7个小刺。

3. 发生危害规律与习性

李小食心虫在新疆北疆地区1年发生1～2代，以老熟幼虫在土中结茧越冬。翌年4月中下旬化蛹，5月中下旬为越冬代成虫羽化盛期，成虫羽化后1～2天开始产卵，一周左右幼虫孵化并蚊入果肉。第一代幼虫期约为20天左右。第一代幼虫老熟脱果后一部分寻找适当场所结茧进入滞育状态越冬，其余化蛹，羽化进入第二代发育。第一代幼虫约从5月初开始蛀果至5月下旬脱果，第二代幼虫从6月初开始蛀果至6月底7月初脱果。成虫昼伏夜出，有趋光及趋化性，并对梨小食心虫性诱剂表现有较强趋性。在黄昏时产卵，卵多散产于果面上，偶尔产生在叶上。幼虫孵化后在果面爬行几分钟至数小时，在果面寻找到适当部位后即蛀入果内。第一代幼虫入果时因核未硬而直入果心，食害核仁，造成落果；第二代幼虫入果时，核已硬化，幼虫绕核取食，虫粪堆积核外(图2-109、图2-110)。

4. 防治措施

(1) 人工防治　拍实树盘土壤阻止成虫羽化出土；成虫出土前可压土厚6～10cm，拍实，使成

◎ 图2-109　李小食叶虫危害的桃果

◎ 图2-110　李小食叶虫危害的杏果

虫不能出土；羽化完毕应及时撤土防止果树翻根。在幼虫蛀果期间及时捡拾落果、摘除虫果，集中除害处理。

(2) 物理防治　可用黑光灯、糖醋液性诱剂诱杀成虫。

(3) 化学防治　越冬代成虫羽化前即李树落花后，在树冠下方地面撒药，重点为干周半径1m范围内，毒杀羽化成虫，可喷洒40%辛硫磷、20%杀灭菊酯、2.5%敌杀死乳油等，每公顷4.5～7.5kg。卵盛期至幼虫孵化初期药剂防治，6月中旬开始喷布20%速灭杀丁乳油6000倍液，或52.25%农地乐乳油1500～2000倍液，或10%吡虫啉可湿性粉剂1000倍液，或4.5%高效氯氰菊酯乳油2500～3000倍液。每隔1周喷药1次，连续喷药2～3次。

（二）梨小食心虫

1. 寄主、分布与危害

梨小食心虫*Grapholitha molesta* Busck又名桃折心虫、东方蛀蛾，简称梨小，属鳞翅目小卷叶蛾科。

广泛分布于世界各地，国内遍布全国各地，在新疆是最常见的果树食心虫之一。以幼虫蛀食梨、桃、苹果、杏的果实和桃树的新梢，尤其是桃和梨混栽或毗邻的果园发生更加严重。虫果常因腐烂不堪食用，严重影响果实的品质和产量。桃梢被害后萎焉枯干，影响桃树生长。

2. 识别特征

(1) 成虫　体长4.6～6.0mm，翅展10.6～15mm，雌雄无明显差异。全体灰褐色无光泽。前翅密被灰白色鳞片，前缘具有10组白色斜纹，中室端部附近有一明显小白点，腹部灰褐色(图2-111)。

(2) 卵　扁卵圆形，中央凸起，直径0.5～0.8mm，周缘扁平淡黄白色，近乎白色，半透明。

(3) 幼虫　末龄幼虫体长10～13mm。初孵化时白色，后变成桃红色，头部桃褐色。前胸板不明显。有臀栉4～6根。腹足趾钩单序环式，30～40根。臀足单序缺环，20余根(图2-112)。

◎ 图2-111　梨小食心虫成虫

(4) 蛹　体长6～7mm，黄褐色，腹部第三至第七节背

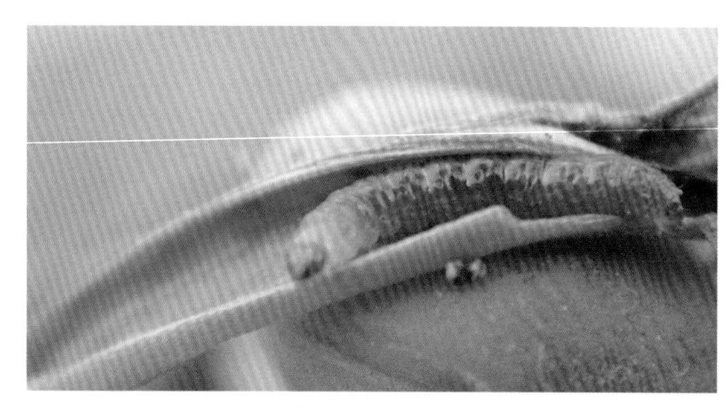

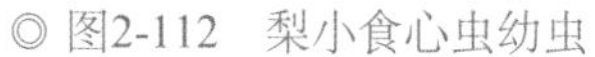

◎ 图2-112　梨小食心虫幼虫

◎ 图2-113　梨小食心虫蛹

面前后缘各有1行小刺，第八至第十节各具稍大的刺1排，腹部末端有8根钩刺。茧白色，丝质，扁平椭圆形，长约10mm左右(图2-113)。

3. 发生危害规律与习性

在新疆1年发生3～4代，主要以老熟幼虫在树干翘皮下、裂缝中结茧越冬，在树干基部接近土面处、果品仓库及果品包装材料中也有幼虫过冬。翌年春季3月底4月初为化蛹始期，4月上中旬为化蛹盛期，越冬代成虫羽化盛期为4月下旬。该虫有转移寄主危害的习性，第一代幼虫大部分发生于5月，主要危害桃树新梢；第二代幼虫主要发生于6月至7月上旬，幼虫继续危害新梢、桃杏果实及早熟品种的梨，但数量不多。第三代产卵盛期于7月至8月上旬，这时产在梨树上的卵数多于桃树。第四代产卵盛期于8月中、下旬，主要是产在梨树上。成虫产卵在桃树上以产在桃梢上部嫩梢第三至第七片的叶背为多，产卵最适温度为24～29℃，湿度高，成虫产卵数量多，危害严重(图2-114)。

◎ 图2-114　被梨小食心虫蛀食的梨果

桃梢上的卵孵化后，幼虫从梢端第二至第三片叶子的基部蛀入梢中，不久由蛀孔流出树胶，并有粒状虫粪排出，被害梢先端凋萎，最后干枯下垂，一般1头幼虫可危害2～3个新梢。梨果上的卵孵化后，幼虫先在果面爬行，然后蛀入果内，多从萼洼或梗洼处蛀入，蛀孔周围变黑腐烂，形成黑疤，幼虫逐渐蛀入果心取食种子，虫粪也排在果内，一般一果只有1头幼虫，幼虫老熟后咬孔脱果，吸处腐烂变黑，呈“黑膏药”状(图2-115)。

◎ 图2-115　被梨小食心虫蛀食的桃梢

梨小食心虫成虫对糖、醋液和果汁有强烈趋性，特别在羽化始期比较明显。梨小食心虫的天敌有寄生于幼虫的小茧蜂、中国齿腿姬蜂、钝唇姬蜂；寄生于卵的赤眼蜂等。

4. 防治措施

(1) 营林防治 合理规划果园，尽可能避免桃、杏、梨、樱桃、李、苹果混栽。在已经混栽的果园内，应在梨小食心虫的主要寄主植物上加强防治工作。

(2) 人工防治 早春发芽前刮除树干和主枝上的翘皮，清扫果园中的枯枝落叶集中烧掉，消灭越冬幼虫。5、6月间及时查园，发现桃树新梢顶部叶片出现萎蔫及时剪除；发现果实被害及时摘除，及时拾取落地果实，消灭新梢和果内幼虫。8月中旬越冬幼虫脱果前在树干、主枝上束诱集带来诱集脱果越冬的幼虫，于翌年春季3月中旬取下诱集带销毁；药剂处理果筐、果箱填充物，消灭其中的越冬幼虫。

(3) 物理防治 结合测报工作用糖醋液诱杀成虫，每亩设置2～4组糖浆碗，糖浆配方为红糖:醋:白酒:水=1:4:1:16；或使用中国科学院新疆分院理化研究所研制的人工合成的梨小食心虫性外激素诱杀雄蛾，用每个含有0.1mg性外激素橡胶制的诱芯，从中穿1根细铁丝，横扎在盛水的盆上，水内加少量煤油，放置在高1.5m左右的树杈处，昼取夜放，连续使用2个月，诱蛾效果高。

(4) 生物防治 有条件的果园自梨小食心虫第二代后每代产卵初期开始释放赤眼蜂，放3～4次，每亩放蜂12万头。田间放蜂寄生率可达70%～80%。

(5) 化学防治 做好监测预报工作，主要方法是结合调查卵果率和利用性诱剂诱虫，掌握发蛾高峰，及时进行喷药防治。当诱捕器上出现成虫高峰期后2～3天即是卵高峰期和幼虫孵化始期，此时喷药效果好。可选择用1.8%阿维菌素乳油1000～1500倍液，5%吡虫啉乳油1000～1500倍液，5%啶虫脒乳油1000～1500倍液叶面喷雾。

（三）桃小食心虫

1. 寄主、分布与危害

桃小食心虫*Carposina niponensis* Walsingham别名桃蛀果蛾，简称“桃小”，属鳞翅目蛀果蛾科。

寄主植物有苹果、花红、海棠、梨、山楂、榅桲、桃、杏、李、枣、酸枣等。其中以苹果、枣、山楂、杏受害最重。桃小食心虫分布于黑龙江、吉林、辽宁、河北、河南、山东、安徽、江苏、浙江、湖南、山西、陕西、青海、宁夏等地，20世纪70年代传入新疆。该虫以幼虫蛀食果实，蛀孔外有流出的泪珠状白色果胶，幼虫入果后在果皮下潜食果肉，使果实变形，果面凹凸不平，造成畸形，所谓的“猴头果”，幼虫发育后期在果内纵横串食，果内虫道充满虫粪，造成所谓的“豆沙馅”，严重影响果品的产量和质量，甚至失去食用价值。

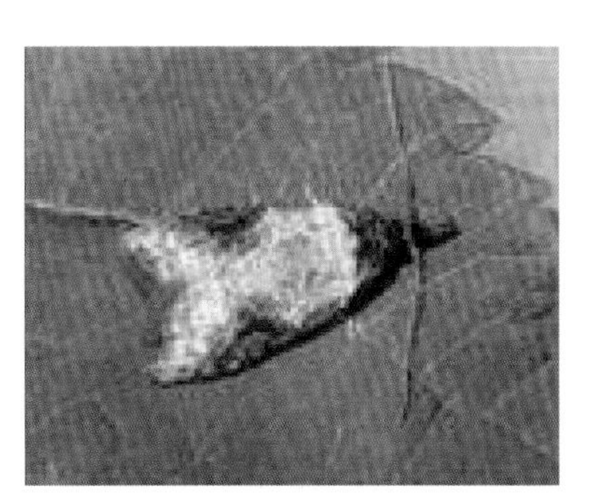

◎ 图2-116 桃小食心虫成虫

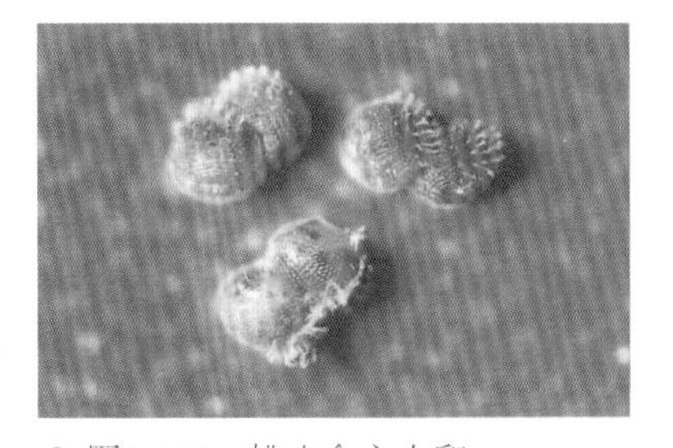

◎ 图2-117 桃小食心虫卵

2. 识别特征

(1) 成虫 体灰白或灰褐色，体长5～8mm，翅展16～18mm。前翅前缘中部有一蓝黑色三角形大斑，翅基和中部有7簇黄褐或蓝褐色斜立鳞毛(图2-116)。

◎ 图2-118 桃小食心虫幼虫

(2) 卵 初产时呈红色，后渐变为黑红色，竖椭圆形，顶部1/4处环生2～3圈“Y”状刺毛(图2-117)。

(3) 幼虫 末龄幼虫体长13～16mm，体红色、橙红色。头褐色，前胸背板深褐色，前胸气门前毛2根。腹足趾钩单序环。无臀栉(图2-118)。

(4) 蛹 体长6.5～8.6mm。淡黄白色至黄褐色，体壁光滑。翅、足及触角端部不紧贴蛹体而游离。

3. 发生危害规律与习性

北方大部分地区1年发生1～2代，以老熟幼虫在土中结扁圆形“冬茧”越冬。越冬幼虫于5月上中旬开始出土，5月下旬至6月上旬为出土盛期，末期延续至7月上旬至中旬，出土历期长达2个多月，成为以后各虫态发生时期长及前后世代重叠的主要原因。出土幼虫于地面化蛹，蛹期11～20天，平均14天，一般于5月下旬后陆续出现越冬代成虫，7月上中旬最多，7月下旬至8月初结束。田间卵发生始期在6月上中旬。第一、二代卵期相接，一直延续到9月中下旬，发生期长达90～100余天，通常第一代产卵盛期在7月，第二代产卵盛期在8月中下旬。田间最早在6月上中旬即可发生个别被害果，7月上中旬最多。幼虫在果内危害14～35天，平均22～24天。第一代幼虫于7月初至9月上旬陆续老熟脱果落地。脱果早的则在表皮缝隙处结夏茧化蛹，蛹期约8天，于7月中旬羽化为成虫，继续发生成第二代；脱果晚的便入土做冬茧越冬，仅发生1代。第二代幼虫在果内危害至8月中下旬开始脱果，一直延续到10月陆续入土越冬，当中、晚熟品种果实采收时，仍有一部分幼虫尚未脱果，而被带到堆果场和果库中才脱果。

(1) 成虫 昼伏夜出，白天不活动，栖息于果园内杂草、落叶等的根际或茂密的叶片丛中，日落后开始活动，以深夜最为活泼。无趋光性和趋化性，但对性诱剂有很强的趋性。卵散产，绝大多数产于果实上，极少数产于叶、芽、枝上。产在果实上的卵90%产于萼洼，梗洼内约占5%，极少数产在果实胴部及果柄上。单雌产卵量越冬代成虫100余粒，第一代成虫可达200粒。卵在田间自然条件下孵化率很高，一般在85%～99%。

(2) 幼虫 初孵幼虫在果面爬行数十分钟至数小时不等，寻觅适当部位后开始啃咬果皮，但并不吞食咬下的果皮，因此胃毒剂对其无效。绝大多数幼虫从果实的胴部蛀入果内。幼虫老熟后咬一圆孔，脱出果外直接落地，入土结茧或化蛹。在初咬穿的脱果孔外，常留积有新鲜虫粪。脱果幼虫有背光性。果园地面无间作物和果园地形不复杂的情况下，脱果幼虫喜向树干方向爬，多集中于树冠下距树干0.33～1.0m范围内的土中，且以树干基部背阴面虫数最多。如果园下土块和石块多，杂草丛生或间作其他作物，脱果幼虫即就地入土，结茧越冬。越冬深度一般不超过13cm。据调查，冬茧分布在0～3cm、3～7cm、7～10cm和10～13cm处的数量分别占全部越冬茧量的58%、26%、10%和5%。

4. 防治措施

(1) 物理防治 防治桃小食心虫必须在幼虫蛀果前或蛀果期进行，所以掌握发生期很重要，根据测报情况以抓越冬幼虫出土期为重点，同时调查产卵期，查卵果率。现阶段主要用性引诱剂诱杀成虫，预测成虫发生期指导防治。

(2) 地面药剂防治 在5月下旬至6月上旬越冬幼虫连续出土3～5天，出土量一天比一天多时，可在离树干1～2m 防治区进行地面防治，防治药剂选用48%毒死蜱乳油300倍液(剂量7.5kg/

hm²)。尔后进行耙耧，深度3～7cm，以融合土药，防效好，有效期也长。10天后可进行第二次地面防治，防治药剂可用桃小一次净乳油、桃小1号乳油。

(3) 人工防治 将树周土壤拍实阻止成虫羽化出土。成虫出土前可压土厚6～10cm拍实，使成虫不能出土，羽化完毕应及时撤土，防止果树翻根。在幼虫蛀果期间及时捡拾落果、摘除虫果，集中处理。

(4) 树冠药剂防治 在虫蛀果前，6月15日，当气温达25℃左右，卵果率达1%～3%时，可进行树上防治，防治药剂可交替使用菊酯类农药，可选用桃小灵乳油2000倍液来福灵乳油2000倍液、25%功夫乳油2000倍液等。

（四）苹果蠹蛾

1. 寄主、分布与危害

苹果蠹蛾*Laspeyresia pomonella* Linnaeus又名苹果小卷蛾，属鳞翅目卷蛾科。

寄主植物有苹果、海棠、梨、杏、巴旦杏、桃、石榴等林果。该虫幼虫蛀果，不仅降低果品质量，而且造成大量落果，幼虫还有转移危害的习性，1头幼虫可危害2个以上果实，是林果的重要害虫，列入国际、国内检疫对象。

国内分布在新疆、甘肃。疆内分布：巴州库尔勒市、和静县、和硕县、焉耆县、博湖县、轮台县、尉犁县、若羌县、且末县，塔城地区塔城市、额敏县，哈密地区哈密市、克州阿图什市，喀什地区巴楚县、麦盖提县、伽师县、喀什市、疏附县、疏勒县、岳普湖县、英吉沙县、莎车县、泽普县、叶城县，博乐市、精河县，昌吉州奇台县、木垒县，阿克苏地区温宿县、乌什县、阿瓦提县、沙雅县、库车县、新河县、柯坪县、拜城县、阿克苏市，和田地区皮山县、墨玉县、和田县、和田市、洛浦县、策勒县、于田县、民丰县，伊犁地区伊宁市、伊宁县、察布查尔县、新源县、尼勒克县、特克斯县、巩留县、昭苏县、霍城县，乌鲁木齐市。

2. 识别特征

(1) 成虫 体长约8mm，翅展15～22mm。体灰褐色而具紫色光泽，前翅臀角处有深褐色椭圆形大斑，内有3条青铜色条斑，其间显出4～5条褐色横纹。翅基部色较浅，其外缘略呈三角形，有较深的波状纹。后翅褐色，基部颜色较淡(图2-119、图2-120)。

(2) 卵 椭圆形，极扁平，中央略凸出长1.1～1.2mm。

◎ 图2-119 苹果蠹蛾成虫展翅状

◎ 图2-120 苹果蠹蛾成虫

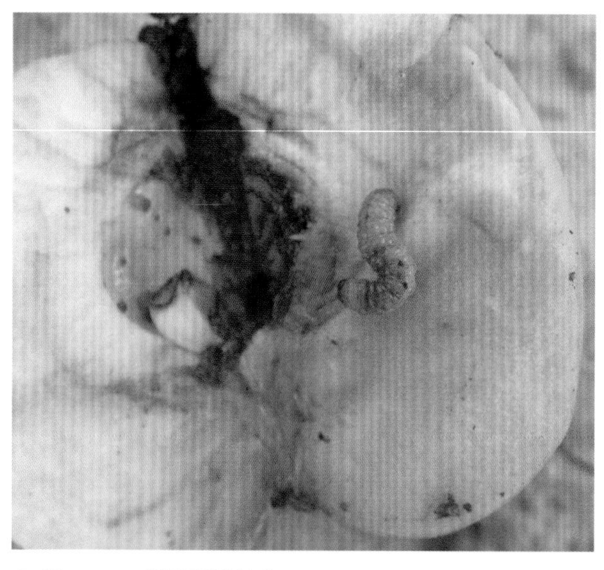

◎ 图2-121　苹果蠹蛾幼虫

◎ 图2-122　苹果蠹蛾蛹

(3) 幼虫　初孵幼虫白色。成熟幼虫体长14～18mm，头黄褐色，体呈红色。腹部末端无臀栉。腹足趾钩为单序缺环，有趾钩19～23根，臀足趾钩14～18根。大龄幼虫可分辨雌雄，雄性第五腹节背面显出1对紫红色睾丸(图2-121)。

(4) 蛹　黄褐色，体长7～10mm。2～7腹节背面的前后均有1排整齐的刺，前排粗大，后排细小；8～10腹节各有1排刺，第十排的刺常为7～8根。肛孔两侧各有2根钩状毛，加上末端6根共10根钩状毛(图2-122)。

苹果蠹蛾与梨小卷蛾*Laspeyresia pyrivora*的成虫很相似，主要区别是：梨小卷蛾的前翅为石板灰色，横贯1条黑纹；基部黑褐色，有3条白纹；翅端部也有1个眼状斑，但呈铅色无光泽；雄虫前翅腹面无斑点，后翅腹面散布黑纹，基部无毛刷。

苹果蠹蛾幼虫的近似种有：苹小食心虫*Grapholitha inopinata*、梨小食心虫*G. Molesta*、李小食心虫*G.funebrana*、桃白小卷蛾*Spilonota albicana*、桃小食心虫*Carposina niponensis*、梨大食心虫*Nephopteryxpirivorella*、桃蛀螟*Dichocrocis punctiferalis*，它们的末龄幼虫与苹果蠹蛾区别如下：

苹小食心虫、李小食心虫、桃白小卷蛾和梨小食心虫的幼虫肛门处有臀栉，成熟幼虫体长在13mm以下可以与之相区别；桃小食心虫、梨大食心虫、桃蛀螟的幼虫虽无臀栉，但幼虫的前胸K群（气门群）为2根刚毛，也可以区别。

3. 发生危害规律与习性

此虫在新疆1年2～3代，以老熟幼虫在树皮下结茧越冬。3月下旬当日平均气温达9℃以上时，越冬幼虫开始进入蛹期，这一过程可持续到6月初。通常在苹果花期结束时，成虫才开始羽化。越冬代成虫羽化期、产卵期自5月初延续到6月底。当年第一代幼虫的蛀果期持续时间长，可自5月下旬延续到7月底(图2-123)。

◎ 图2-123　苹果蠹蛾危害苹果果实

雌虫羽化后2～3天性成熟，开始引诱雄虫前来多次交尾、产卵。初产卵时，由于正值幼果期，果实表面多绒毛，因此卵多散产于叶上；随着果实长大，果面日趋光滑，此时雌虫才将大量的卵产于果实上。在全区越冬代一般于4月下旬开始产卵。第一代危害期在5月中下旬到6月中下旬；第二代危害期在7月中旬到9月上旬。第一代雌虫、第二代雌虫产卵期为7月中旬、9月中旬。卵产于果实和果实附近的叶片正面，散生。以种植稀疏、树冠四周空旷、向阳面的果树树冠上层产卵较多。

幼虫孵化时，初在果面爬行，后寻找果面的损伤处、萼洼或梗洼等处蛀入，蛀入果实后，先在果皮下取食，做一个小室，并蜕皮于其中。以后继续向种子室方向蛀食，形成弯曲的隧道，在种子室附近蜕第二次皮，进入3龄后开始蛀入种子室，取食种子。待蜕第三次皮后，幼虫向外做较直的蛀道脱果，转而危害果从附近的另一果实。幼虫在果内危害约30天。幼虫老熟后脱果，常在树干老树皮下、粗枝裂缝中、果树支柱裂缝内、空心树干中、根际树洞内等处结茧化蛹，也可在脱落树皮下、根际周围3～5cm表土内、植株残体中、干枯蛀果内以及果品储藏处、包装物内结茧化蛹。该虫发育适宜的温度为15～30℃，当温度低于11℃或高于32℃时不利其发育。

成虫有趋光性。黄昏至清晨交尾，卵单产。树冠上层卵量多，叶上卵多于枝条和果实上，喜产在背风向阳处。幼虫一般从果实胴部蛀入，可转果危害，造成果实脱落，影响品质，甚至不能食用。1头幼虫能咬几个苹果，从蛀果到脱果通常需1个月左右，一部分幼虫有滞育习性。

4. 防治措施

(1) **加强检疫** 严禁从发生区引进和调运苗木、接穗及果品。调运果品时，应严格实施检疫。对疑似果品及包装物可采用溴甲烷熏蒸处理，用药量为40g/m^3，熏蒸2小时。特别应注意苹果果实一般需熏蒸后6天才可食用。

(2) **营林防治** 保持果园卫生，随时收集地下落果，作为临时堆果的场地用毕后，更应彻底加以清除，将虫果、烂果移出园外加以药剂处理或销毁。在早春花芽膨大前，清除果树枝干裂缝，刮除老树皮，刮下的树皮必须及时处理，最后再用波美5度石硫合剂进行树干涂药或涂白。

(3) **人工防治** 利用老熟幼虫潜入树皮下作茧化蛹的习性，可根据树型的具体情况，在主干、主枝之下处缚草带或破布，借以诱集幼虫，每隔10天检查一次，杀死其中幼虫或蛹，并于翌年3月底前集中烧毁。为了节省经常检查所需的劳力，最好采用诱虫药带，将布片浸入热的菊酯类杀虫剂和柴油溶液中，晾干后束于树干上，幼虫潜入后即可死亡，在整个生长季节中无需中途解开检查。也可在成虫期在果树上悬挂卫生球，阻止其交尾。

(4) **物理防治** 每年4～10月，利用苹果蠹蛾性信息素，设置诱捕器在成虫期诱杀雄性成虫。诱捕器设置密度为15个/hm^2，悬挂在高度为1.5～2m果树枝干上。诱捕器内涂有黏虫胶或将诱芯悬于水盆之上，以保证杀灭诱集的雄蛾。

(5) **生物防治** 保护和增加果园中苹果蠹蛾天敌种群数量，如人工释放赤眼蜂*Trichogramma* spp.控制其危害。

(6) **化学防治** 以第一代幼虫防治为重点，在幼虫期，用灭幼脲2000~3000倍液，1.8%阿维菌素乳油1500倍液，10%吡虫啉乳油1500～2000倍液，3%啶虫脒乳油1000～1500倍液喷雾进行防治。

（五）枣实蝇

1. 寄主、分布与危害

枣实蝇*Carpomya vesuviana* Costa属双翅目实蝇科。国外分布于印度、阿富汗、塔吉克斯坦、土库曼斯坦、乌兹别克斯坦、巴基斯坦、泰国、毛里求斯、意大利、高加索、阿曼、伊朗等国。目前国内仅发现分布于新疆吐鲁番地区吐鲁番市的艾丁湖乡、亚尔乡、恰特卡勒乡、葡萄乡、三堡乡、二堡乡、胜金乡、园艺场、大河沿镇(含221团)、老城街道、高昌街道、七泉湖镇、原种场，鄯善县的辟展乡、城镇、连木沁镇、七克台镇、鲁克沁镇、达浪坎乡、迪坎乡、吐峪沟乡、火车站镇、东巴扎乡，托克逊县的夏乡、郭勒布依乡。这些乡镇已被划定为新疆枣实蝇疫区。枣实蝇主要以幼虫危害枣、酸枣的果实。该虫雌性成虫产卵于枣果内，幼虫在枣果内孵化后，取食果肉，并排粪于枣果内，被害枣果不能食用，且被害枣树常大量落果，严重影响果品的质量和产量。

◎ 图2-124　枣实蝇成虫及产卵痕

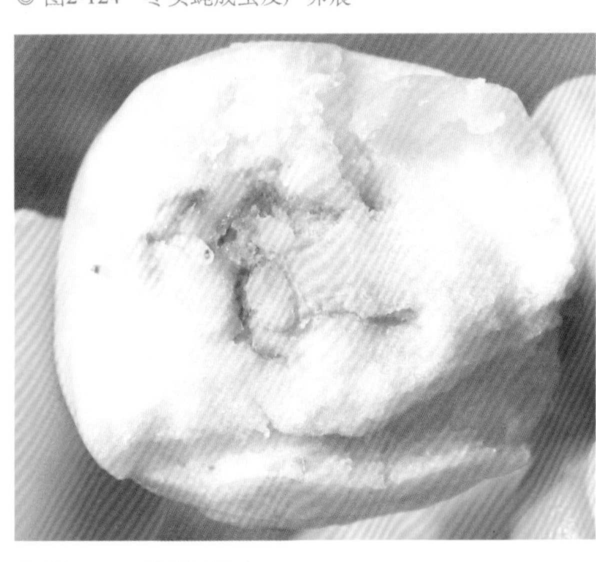

◎ 图2-125　枣实蝇幼虫

2. 识别特征

(1) 成虫　体黄色，体长约6mm、翅展2.9～3.1mm左右。复眼翠绿色，死后变为漆黑色；胸部裂合线具4条白色或黄色斑纹；胸背两侧各有5个黑色斑块，其中第3个最大，胸背后缘还有1个较大的黑色斑块，共计11个黑色斑块，这是枣实蝇成虫重要的识别特征。前翅透明，具4个黄色至黄褐色横带，横带的部分边缘带有灰褐色。靠近翅基的2条横带从翅前缘贯穿翅后缘；靠近翅外缘的两条横带基部相连，且第三条横带亦贯穿至翅后缘，这也是重要的识别特征(图2-124)。

(2) 卵　长椭圆形，初产乳白色，后变为灰白色，卵的一端有黄色乳头状突起。

(3) 幼虫　蛆形，幼虫体长5～6mm，白色或黄色，长圆筒形，头部尖细，末端圆钝。3龄幼虫体长7.0～9.0mm，宽1.9～2.0mm；体壁柔软，尾脊缺失；头裂片发达，骨化的气门盖存在。幼虫头部前端有2只黑色口钩，腹末有20～23个气门孔(图2-125)。

(4) 蛹　椭圆形，米黄或白色，头部扁尖，尾部钝圆，体长3～5mm，宽1～2mm，蛹体分11节。

3. 发生危害规律与习性

据观察，枣实蝇在吐鲁番1年发生2～3代，多以蛹在土中越冬，世代重叠。越冬蛹于5月中旬开始羽化出土，5月下旬到6月上旬为出土盛期，羽化时间可以持续到7月初；第一代成虫7月上旬开始发生，盛期为7月中下旬到8月初，该代成虫持续发生到9月初；第二代成虫发生在9月上旬始发生，盛期为9月下旬到10月初(图2-126)。

第一代幼虫6月中旬开始脱果入土化蛹，盛期在6月下旬到7月上旬。

第二代幼虫发生在7月下旬到9月下旬，8月中旬开始化蛹，盛期为9月上旬到中旬，10月以后所化的蛹有部分停止发育进入越冬状态；第三代卵、幼虫有部分不能完成生活史，10月中旬大部分幼虫脱果入土，部分幼虫留在果实内化蛹越冬(图2-127)。

◎ 图2-126 枣实蝇蛹

◎ 图2-127 枣实蝇成虫产卵痕

成虫寿命25～45天，多在9～14时羽化，白天交尾产卵，晚间在树上栖息。雌成虫喜产卵于枣果中下部。在大部分情况下卵为单粒产。产完卵后，枣果上留下一红色圆形斑点，斑点一端有一开口即产卵孔，卵被平放于枣果表皮下。最多时1颗枣果上有7个产卵孔。枣实蝇成虫对黄、绿、蓝颜色有比较强的趋性，可用色板引诱监测。

通常1个枣果内可以发现1头幼虫，有时有2～4头幼虫，最多可达5～7头幼虫。幼虫取食枣肉并向中间蛀食，导致果实提早变红和腐烂，蛀果率可以达到30%～100%。幼虫老熟后，脱离枣果落地，在枣树树冠下6～15cm深的土壤中化蛹，以距地面5cm深的土壤中分布最多。

枣实蝇喜欢危害矿物质、可溶性固体物质、糖分含量高的枣果。不喜欢危害酸度、维生素C和苯酚含量低的枣果。所以果肉比例大、可溶性固体物质和总糖含量高，且酸度、维生素C和苯酚含量高的枣树品种，易遭受枣实蝇的危害(图2-128)。

◎ 图2-128 枣实蝇危害的果实

4. 防治措施

(1) 加强检疫 枣实蝇是我国禁止进境的检疫性害虫，也是国内检疫性有害生物。要建立监测预报制度，采用悬挂诱虫板、测报灯、杀虫灯和性诱剂等方法监测。采取严格的检疫措施，严禁携带枣实蝇的枣果、苗木进出。

(2) 人工防治 清除虫源，降低虫口密度。及时清理枣园，收集虫果、落果，并撒上石灰集中深埋。清除枣园内以及枣园附近的野生枣树。在枣林下撒40%辛硫磷乳油拌细土配制的毒土、深翻林地、浇水冬灌以消灭土壤中的蛹。零星发生地区于越冬代成虫羽化前铺设地膜阻隔成虫羽化出土。采用化学药物"断枣"措施。在枣树盛花期喷洒落花素，不让枣树结实，枣实蝇失去寄生场所，阻断其发育生活史。

(3) 生物防治 引进天敌昆虫茧蜂*Fopius carpomyia* (Silvestri)，或保护利用当地天敌寄生蜂*Biosteres vandenboschi* Fullaway，采用人工助迁扩大繁殖释放的方法，控制枣实蝇危害。

(4) 化学防治 每年的5月中旬，按照2250g/hm^{2}的施药量向地面喷洒20%速灭杀丁，5%来福灵乳油2000倍液，杀灭越冬代成虫。在越冬代成虫羽化盛期，用20%速灭杀丁，5%来福灵乳油2000倍液，48%乐斯苯乳油1500～2000倍液喷洒枣树树冠，每10天1次，喷药时间应掌握在上午9～11时。

（六）杏仁蜂

1. 寄主、分布与危害

杏仁蜂*Eurytoma samsonovi* Wass.属膜翅目广肩小蜂科，在新疆广泛分布于南疆塔里木盆地边缘各县。陕西、辽宁、河北、山西等省也曾有过报道。寄主有杏、扁桃。以幼虫在杏核内危害杏仁，常在被害果的阳面果肩部有半月形稍凹陷的产卵孔，产卵孔有时出现流胶，杏近成熟期凹陷面扩大变黑，似日灼伤。幼果被害后，近成熟期易脱落，个别虫果干缩挂在树上。幼虫在被害果的核内危害，果仁不能食用，并造成鲜果大量落地减产。

◎ 图2-129　杏仁蜂雄虫

2. 识别特征

(1) 成虫 雌虫体长4～7mm，翅展10mm；头宽大，黑色；复眼暗赤色；触角9节，第一、二节为橙黄色，其余各节均为黑色；胸部及胸足的基节黑色，其他各节均为橙色；腹部橘红色，有光泽。产卵管深棕色，出自腹部腹面的中前方，平时纳入纵裂的腹鞘内。雄虫体长3～5mm，触角第三至第九节有成环状排列的长毛。足的腿节及胫节上杂有黑色；腹部黑色，第二腹节细长如柄，其余腹节略呈圆形(图2-129、图2-130)。

◎ 图2-130　杏仁蜂雌虫

(2) 卵 长椭圆形，长约1mm，一端稍尖，另一端圆钝，中间略弯曲，初产时白色，近孵化时变为乳黄色。

(3) 幼虫 乳白色，长6～10mm，体弯曲，两头尖而中部肥大，无足。头部有很发达的黄褐色上颚1对，其内缘有一很尖的小齿(图2-131)。

(4) 蛹 长5.5～7mm，腹部长于头胸部，复眼红色。雌蛹腹部橘红色，雄蛹腹部为黑色(图2-132)。

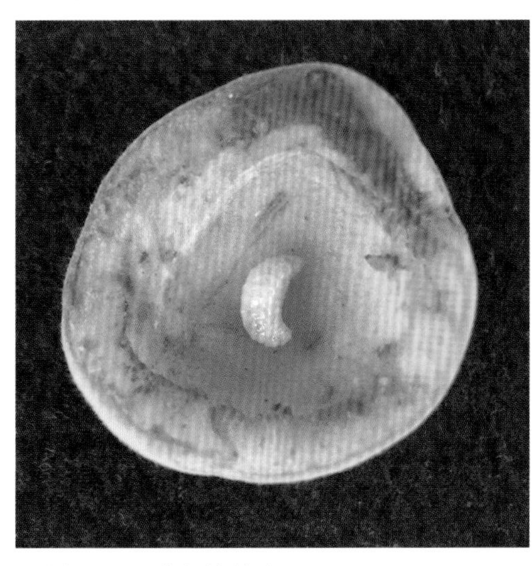

◎ 图2-131　杏仁蜂幼虫

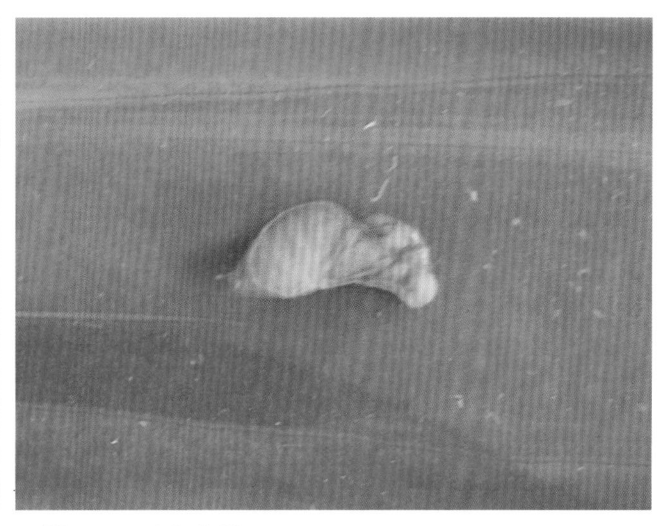
◎ 图2-132　杏仁蜂蛹

3. 发生危害规律与习性

杏仁蜂1年发生1代，以老熟幼虫在被害杏核内越夏越冬。第二年3月中下旬杏花露红时，幼虫在杏核内化蛹，蛹期10～20天。杏树落花后，成虫开始羽化，成虫羽化后在杏核内停留一段时间，待体躯坚硬后，用强硬的上腭将杏核咬穿一孔径1.6～1.8mm圆形小孔爬出。成虫早晚不活动，栖息树上，午间在树间飞舞、交尾。杏果长到手指肚大小时，成虫开始产卵，产卵前在杏果四周爬行，喜在树冠阳面的果实肩部产卵，卵产于近种皮的表面。果面产卵处呈灰绿色、凹陷、流胶。被害鲜果每个果实上产1粒卵，极个别的产卵2粒。每头雌虫产卵量120粒左右。卵期10～20天。5月中旬出现当年第一代幼虫，幼虫在杏核内发育，取食杏仁，并在杏核内越夏越冬，幼虫期长达10个月之久(图2-133、图2-134)。

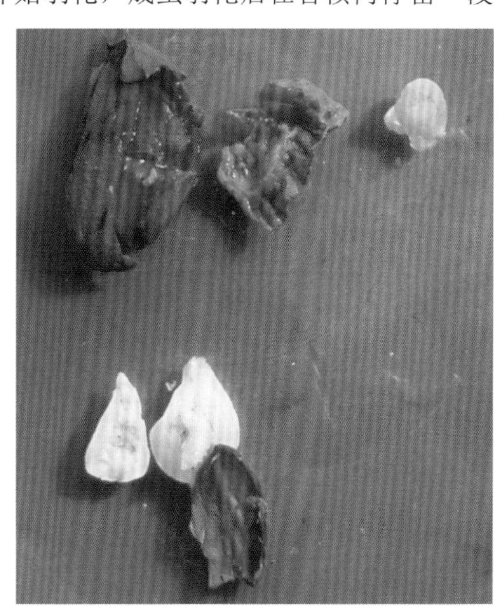
◎ 图2-133　杏仁蜂幼虫取食杏仁

幼虫越冬环境条件影响成虫羽化的早晚和羽化率高低。幼虫在地面杏核内越冬、进入蛹期并羽化，均较树上干杏内早。果园阴蔽、灌水较多、地温低，都会延迟成虫羽化期。山谷低洼背风地段，冬季较暖，早春日夜温差小，成虫羽化早。

4. 防治措施

(1) **人工防治**　秋冬季节全面彻底地清除果园内落杏、杏核，敲落树上干杏，集中销毁。

(2) **营林防治**　深翻果园。结合秋施基肥深翻果园，将杏核深埋土中，阻止成虫羽化。

(3) **化学防治**　杏树落花后，选用0.3印楝素乳油3000倍液、10%的氯氰菊酯乳油2000倍、20%速灭杀丁

◎ 图2-134　杏仁蜂危害的巴旦杏果实

乳油1500倍、52.25%农地乐乳油1000倍、5%的来福灵乳油2000～4000倍液喷洒树冠杀灭成虫。

（七）枸杞红瘿蚊

1. 寄主、分布与危害

枸杞红瘿蚊*Jaapiella* sp.、，属双翅目瘿蚊科。在我国宁夏、青海、内蒙古、新疆等地有发生。是危害枸杞的主要害虫种类之一。幼虫危害花蕾，使子房肿胀，外观似水肿状，呈畸形发育，花被呈指状开裂，花顶膨大如盘，颜色黑绿，不能开花结实，后干枯脱落，当年产量损失可达50%～60%。

2. 识别特征

(1) 成虫 体长2～2.5mm，黑红色，生有黑色微毛。触角16节，黑色，念珠状，节上生有较多的长毛。复眼黑色，在头顶部相接。前翅翅面上密布微毛，外缘和后缘密生黑色长毛。各足跗节5节，第一跗节最短，第二跗节最长，其余3节依次渐短；跗节端部具爪1对，每爪生有一大一小2齿(图2-135、图2-136)。

◎ 图2-135　枸杞红瘿蚊成虫

◎ 图2-136　枸杞红瘿蚊成虫及蛹

(2) 幼虫 初孵幼虫白色；老熟幼虫体长2.5mm，橙红色，扁圆形，腹节两侧各有一微突，上生一短刚毛。中胸剑状骨黑褐色，与胸节愈合不能分离(图2-137)。

(3) 蛹 长约2mm，黑红色，头顶有二尖齿，齿后有一长刚毛。腹部各节背面均有1排黑色毛。

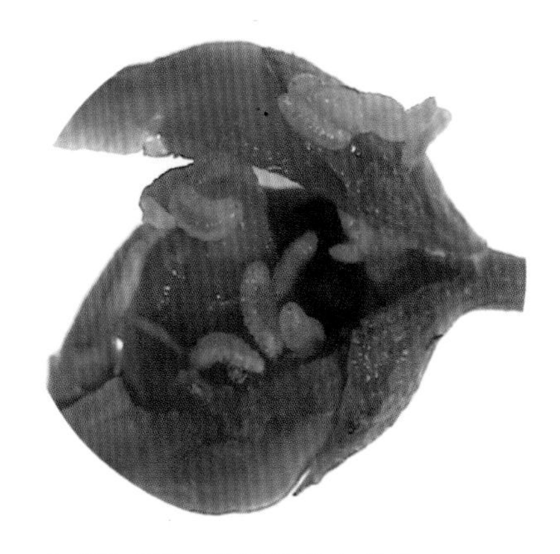

◎ 图2-137　枸杞果实内的幼虫

3. 发生危害规律与习性

枸杞红瘿蚊在新疆精河县1年发生5～6代，以老熟幼虫在枸杞根茎周围的土壤中做土茧越冬，主要分布在深3cm左右的土层中。翌年春化蛹，越冬代成虫4月中下旬羽化。成虫不取食，一般在4月下旬温度大于7℃时，每天上午8～11时和下午7～11时进行交尾、产卵。将产卵器刺入枸杞幼蕾顶端产卵，每雌产卵量40～120粒不等。成虫寿命较短，雌虫产卵后1～2天内死亡。卵3～5天即可孵化。幼虫期13.4天。初孵幼虫无色、透明，2～3天后逐渐转成橘红色。幼虫在幼蕾内蛀食花器，吸食汁液，造成花蕾畸型肿大不能结果，前蛹期8天左右，蛹期2～3天。25～30天完成1代。幼虫老熟后入土化蛹。其他代成虫羽化高峰期分别为第一代6月上旬、第二代7月上旬、第三代7月下旬、第四代8月中旬、第五代9月中旬。5月和8月是幼虫危害的高峰期。因成虫发生期不集中，田间常见世代重叠。

枸杞红瘿蚊喜欢潮湿环境，在雨天或浇水后数量增加，路边有树荫的地方和离土壤近的花蕾上较多，在碱性大和新开荒地上的枸杞受害重，在疏松、通透性好的壤土上的枸杞受害轻，分散种植的枸杞地比连片种植的枸杞地受害重(图2-138)。

◎ 图2-138　枸杞红瘿蚊危害的果实

4. 防治措施

(1) 营林防治　秋翻、春灌可改变老熟幼虫生活环境。经秋翻可以使老熟幼虫暴露土表或深埋下层，降低老熟幼虫越冬存活率。春灌可消灭或减少成虫出蛰。

(2) 人工防治　树干堆土阻止成虫出土、幼虫入土。4月上旬，在距离主干1m范围内，培高约10cm的土堆，拍打结实，防止羽化成虫出土。9月中旬可采取在树冠下覆盖塑料薄膜的措施，阻止幼虫入土越冬。

人工摘除虫果。在枸杞红瘿蚊发生初期，及时摘除虫果，集中药剂除害或销毁。

(3) 化学防治　田间地表土壤处理。当越冬虫茧2.2个/m^2时进行防治，4月中旬至5月上旬是越冬代成虫羽化高峰期，是防治的关键时期。每年4月20日前，在树冠下的土层表面洒施毒土防成虫用药为40%辛硫磷乳油，用量3000～3750g/hm^2，先将药液用约2倍水稀释喷洒到25～30kg细土上，药液和细土拌匀后撒施地表，撒后浅锄。或用40%辛硫磷乳油250g，兑水1000～1500kg，顺垄浇灌触杀羽化出土成虫。

毒土封闭土壤。秋季9月上中旬老熟幼虫入土前用毒土封闭土壤表面阻止入土，封闭之后要及时灌水。使用的药剂和方法与田间地表土壤处理相同。

树冠喷药防治。当果实受害率达5%时，进行树冠喷药防治。即5月中旬选用0.3印楝素乳油3000倍液、20%氰戊菊酯乳油2000倍液、20%吡虫啉水剂、1.2%烟参碱乳油1000倍液等药剂，早晚喷雾。

第四节　蛀 干 害 虫

（一）皱小蠹

1. 寄主、分布与危害

皱小蠹*Scolytus rugulasus*（Ratzeburg）原发地为欧洲，北美洲也普遍发生，国内主要分布于新疆。寄主树种有梨、杏、苹果、扁桃、桃、樱桃、酸梅、海棠、李、榆等。在新疆南疆以杏、巴旦杏、榆受害严重，在北疆与脐腹小蠹、多毛小蠹混合发生，榆树受害严重。主要以幼虫在树皮下咬蛀子坑道，造成韧皮部和木质部分离，使水分、养分输送受阻，轻者树叶发黄，重者枝叶干枯，甚至整株死亡。成虫咬蛀侵入孔和羽化孔，多引起病菌侵入诱发烂皮病和流胶病。皱小蠹的危害使果树衰退，果品产量和质量下降，果农经济收入减少。

2. 识别特征

(1) 成虫 雌虫体长2.7～3.0mm，雄虫体长2.0～2.1mm。全身黑色，无光泽。两性额部相同，额毛细柔舒直，均匀疏散。触角锤状，黄褐色。足的跗节黄褐色。前胸背板前缘和鞘翅末端略显红褐色，前胸背板长大于宽，侧缘有边饰，背板上密布刻点，刻点深大，两侧和前缘部分刻点与刻点相连，构成点串。鞘翅长度为前胸背板长度的1.5倍，前翅长度是两翅合宽的1.4倍。背面观鞘翅侧缘自基部向端部延伸的同时，逐渐收缩，尾部显著狭窄。鞘翅上刻点略凹陷，沟中的刻点和沟间刻点均为正圆形，深大稠密，排列规则。鞘翅上的茸毛短齐竖直形如刚毛，排成稀疏的纵列。腹部腹面收缩缓慢，鞘翅末端侧视时呈锐角状。第一和第二腹板连合弓曲，构成弧形腹面，腹面上散布平齐竖立的刚毛，各腹板无特殊结构。

(2) 卵 长圆形，长0.3～0.6mm，初产时乳白色透明，卵化前变为卵黄色。

(3) 幼虫 初孵幼虫体长0.35～0.5mm。头部黄褐色，其余乳白色。取食后腹部背面淡棕色。老熟幼虫体长3～4mm，胸部膨大(图2-139)。

(4) 蛹 体长2.2～3.0mm，初化蛹时乳白色，复眼鲜红色，后逐渐变为黑色。蛹的腹部背面生有两排纵向排列的刺状突起。

(5) 母坑道 长12～44mm，平均19.7mm，母坑道为单纵坑，方向常与树枝或树干呈平行分布，偶有倾斜。

(6) 子坑道 长30～45mm，在母坑道两侧伸展，纵横交错。子坑道末端有个靴形蛹室，蛹室长3.5～3.8mm，宽1.3～1.5mm。

◎ 图2-139 果树皱小蠹幼虫和蛹

3. 发生危害规律与习性

皱小蠹在新疆一年发生2代，以老熟幼虫和幼龄幼虫在韧皮部与木质部之间的子坑道末端越冬。越冬老熟幼虫于翌年4月上旬开始化蛹，4月下旬开始羽化为成虫，至7月上旬为羽化末期。5月上旬雌虫产卵，卵期平均11天，5月中旬出现第一代幼虫，幼虫危害30天左右，经预蛹期3～4天，进入蛹期，蛹历期10天左右于6月下旬羽化为成虫，6月底、7月初开始产卵，卵期平均8天，孵化后幼虫发育缓慢。10月下旬、11月上旬幼虫进入越冬状态。因皱小蠹越冬幼虫中有老熟幼虫和幼龄幼虫，故林间存在世代重叠现象(图2-140)。

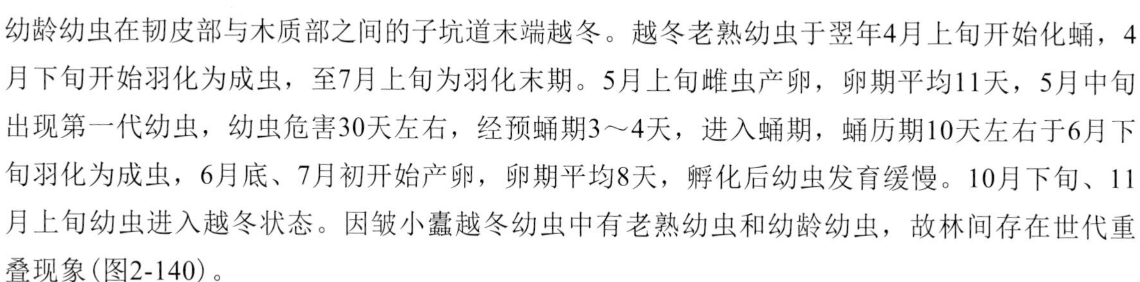

4. 防治措施

(1) 营林防治 加强果园和林木的经营管理，适时采取灌溉、松土、除草、施肥、修枝等营林措施，提高树木生长势，增强自控能力，能预防皱小蠹的发生和危害。新建果园要远离榆树林，果园周围不用榆树作防护林带。及时伐除衰退的果树林木，并运出果园或林分之外进行剥皮处理，将剥下的树皮焚毁。剥皮场所和剥皮后的木材要喷洒杀虫剂2.5%敌杀死乳液1000倍液。不便剥皮的枝梢要焚烧或用溴甲烷10～20g/m³密闭熏蒸处理。

(2) **生物防治** 小蠹的天敌种类繁多，包括线虫、寄生螨、寄生蝇、寄生蜂、捕食性昆虫、鸟类及虫生真菌等，在营林和防治活动中要注意保护、利用当地天敌资源或引进天敌种类控制皱小蠹。

◎ 图2-140 果树皱小蠹危害状

(3) **物理防治** 在除治虫源的基础上，在果园和林分生长势良好的林分设置饵木诱集皱小蠹成虫。4月下旬至5月下旬、7月下旬至8月下旬，在果园或林分中采伐少量衰弱树作诱木，800m^{2}放设1～2根诱木，诱木上新的子坑道出现幼虫且未化蛹时，将饵木剥皮杀灭幼虫。在成虫羽化期，4月上旬至5月下旬、7月下旬至8月下旬在果园或林分内悬挂皱小蠹性信息素诱捕器或皱小蠹性信息素粗提物诱捕器，诱捕皱小蠹雄性成虫。

(4) **化学防治** 在4月下旬至5月下旬、7月下旬至8月下旬，越冬代成虫羽化期和当年第一代成虫羽化期，喷洒高效低毒低残留的杀虫剂，杀灭皱小蠹成虫。可选用2.5%敌杀死乳油或10%天王星乳油3000倍液。

（二）多毛小蠹

1. 寄主、分布与危害

多毛小蠹*Scolytus seulensis* Murayna是新疆常发生性害虫，危害严重，分布广，且防治难度大。多毛小蠹的寄主树种有梨、桃、杏、樱桃、李、酸梅、榆、柠条、锦鸡儿等。在新疆南疆以杏和榆树受害最重，在北疆常与脐腹小蠹混合发生，危害榆树。多毛小蠹成虫在树皮上咬蛀侵入孔、母坑道和羽化孔，导致病菌侵入诱发病害或引起流胶。多毛小蠹幼虫在树皮韧皮部蛀食，形成多条纵横的子坑道，造成韧皮部与木质部分离，导致树木输送水分、养分受阻。树木受害轻者叶片发黄，生长衰退，重者枝条干枯，加速树木死亡。受害果树产量降低，果品质量下降，果农经济收入减少。

2. 识别特征

(1) **成虫** 体长2.7～4.5mm。头部黑褐色，有刻点，额上生有黄褐色茸毛，触角锤状赤褐色。前胸黑褐色，前胸背板发达，两侧有饰边，背部散生梭形刻点并排列成行，背部生有稀疏的黄褐色短毛。鞘翅和3对足均为赤褐色并有光泽。腹部腹面从第二节起向背面端部收缩成斜削面，第二腹节中央有1个明显的瘤状突起。多毛小蠹雌雄性成虫的区别：雌虫额部短阔平突，额毛细短疏少，均匀分布；雄虫额部狭长平凹，额周有棱角，额毛稠密细长，额毛环绕周缘上并拢向额心。多毛小蠹与脐腹小蠹的区别是脐腹小蠹雄虫第七背板后面有1对长刚毛；多毛小蠹雄虫第七背板后面无刚毛(图2-141)。

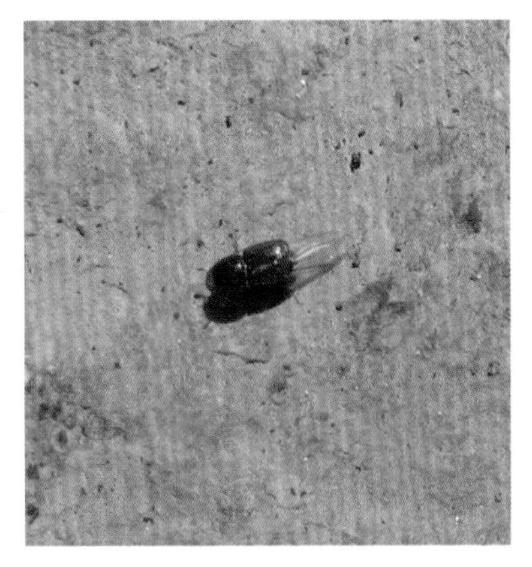

◎ 图2-141 多毛小蠹成虫

(2) 卵 尖椭圆形，长径0.8mm，短径0.5mm左右。初产卵白色，后变为淡褐色。

(3) 幼虫 无足型，肥胖弯曲呈“C”字形。头部黄褐色，胴部乳白色，体节多横纹。老熟幼虫体长5mm左右(图2-142)。

(4) 蛹 乳白色，体长3mm左右(图2-143)。

(5) 坑道 坑道在寄主树皮韧皮部与木质部之间。由雌成虫咬蛀的母坑道为单纵坑，长约4～5.5cm，宽2～2.8mm。母坑虫道一般在侵入孔的上端。由幼虫咬蛀的子坑道稠密，约40～50条，自母坑道两侧水平伸出，然后向上、下方伸展，坑道由窄渐渐变宽，蛹室位于坑道尽头，子坑道长3.5～6.2cm。

◎ 图2-142 多毛小蠹幼虫

◎ 图2-143 多毛小蠹蛹

3. 发生危害规律与习性

多毛小蠹在新疆1年发生2代，以幼虫在子坑道内越冬。翌年春越冬幼虫开始取食为害，4月下旬化蛹，4月中旬出现越冬代成虫，5月下旬为羽化盛期。当年第一代成虫于7月下旬出现，8月下旬为羽化盛期。卵期一般为8～10天。蛹期15天左右。幼虫期两代相差很大，越冬代幼虫历期8个月之久，当年第一代幼虫60～70天。多毛小蠹为一雌一雄型，一生交尾多次。雌雄成虫多在侵入孔下的交配室交尾。交尾后雌虫在母坑道两侧的卵室产卵，卵单产，单雌一生产卵量平均为35粒。卵孵化后，幼虫咬蛀子坑道，老熟幼虫在子坑道末端化蛹。成虫羽化后咬蛀羽化孔飞出，成虫出孔时间在上午10～18时，下午14～16时最活跃，在寄主枝干上爬行，一次飞行距离8～10m。多毛小蠹成虫自然传播一般是以虫源为中心向周围扩散，侵害对象是当年死亡树木或衰弱濒死的枝干。发生危害与寄主韧皮部含水量有密切关系。以杏树为例，韧皮部含水量24%～26%时最易发生小蠹危害。韧皮部含水量大于28%的树木生长旺盛，小蠹虫不易侵入。干枯树木韧皮部含水量低于13%，小蠹虫也不能完成生活史。故多毛小蠹多发生在生长衰弱濒死树木和新死亡且未干枯的树木上。管理粗放，生长势差的果园、林木，是多毛小蠹的危害重点(图2-144、图2-145)。

4. 防治措施

(1) 营林防治 加强果园和林木的经营管理，适时灌溉、松土、除草、施肥、修枝等，提高树木生长势，能预防多毛小蠹的发生和危害。新建果园要远离榆树林，果园周围不用榆树作防护林带。及时伐除衰退的果树林木，并运出果园或林分之外进行剥皮处理，将剥下的树皮焚毁。剥皮场所和剥皮后的木材要喷洒杀虫剂2.5%敌杀死乳液1000倍液。不便剥皮的枝梢要焚烧

◎ 图2-144　多毛小蠹虫道

◎ 图2-145　多毛小蠹危害状

或用溴甲烷10～20g/m³密闭熏蒸处理。

(2) 生物防治 多毛小蠹的天敌种类繁多，包括线虫、寄生螨、寄生蝇、寄生蜂、捕食性昆虫、鸟类及虫生真菌等，在营林和防治活动中要注意保护、利用当地天敌资源或引进天敌种类控制多毛小蠹。

(3) 物理防治 在除治虫源的基础上，果园和林分生长势良好，设置饵木诱集多毛小蠹成虫。4月下旬至5月下旬、7月下旬至8月下旬，在果园或林分中采伐少量衰弱树作诱木，800㎡放设1～2根诱木，诱木上新的子坑道出现幼虫且未化蛹时，将饵木剥皮杀灭幼虫。在成虫羽化期（4月上旬至5月下旬、7月下旬至8月下旬）在果园或林分内悬挂多毛小蠹性信息素诱捕器，或多毛小蠹性信息素粗提物诱捕器，诱捕多毛小蠹雄性成虫。

(4) 化学防治 在4月下旬至5月下旬、7月下旬至8月下旬，越冬代成虫羽化期和当年第一代成虫羽化期，使用高效低毒低残留的杀虫剂，杀灭多毛小蠹成虫。可选用2.5%敌杀死乳油或10%天王星乳油3000倍液。

（三）苹果小吉丁虫

1. 寄主、分布与危害

苹果小吉丁虫*Agrilus mali* Mats. 俗称串皮虫、旋皮虫，属鞘翅目吉丁虫科，是国家检疫对象。主要危害苹果、沙果、海棠，还可危害梨、桃、杏等果树，在我国苹果主产区都有发生，目前新疆分布于伊犁地区天然野果林及人工果园。以幼虫在枝干皮层内纵横蛀食，受害枝干皮层内有充满虫粪的虫道，隧道蜿蜒如线，虫疤上有棕红色树液流出，俗称流红油，被害处皮层枯死，凹陷变褐色，树皮破裂。受害严重者皮层脱落而使果树枯死。

此虫可随同苗木传播，危害性大。特别是管理粗放的幼龄果园受害较重，危害轻者树势变弱，重则造成枝干枯死或整株死亡。

2. 识别特征

(1) 成虫 雌虫体长6～10mm，宽2mm，雄虫略小。紫铜色，有金属光泽，各部密布小刻点。头短而宽，复眼肾形，触角锯齿状11节。前胸背板呈长方形，腹部1～2节腹板愈合(图2-146)。

(2) 卵 椭圆形，长约1mm，宽0.7mm，初产卵乳白色，数日后呈黄褐色。

(3) 幼虫 体细长，扁平，节间明显收缩，乳白色或淡黄色。虫龄以头宽可分为6龄，末龄幼虫体长16～22mm，头小，褐色。前胸特别宽大，呈横椭圆形，中后胸细小，腹部末段有一对褐色突起(图2-147)。

(4) 蛹 纺锤形，体长6～10mm，初化蛹时为乳白色，逐渐变为黄色，羽化前2天呈黑褐色后变为紫铜色。

◎ 图2-146 苹果小吉丁虫成虫

◎ 图2-147 苹果小吉丁虫幼虫及危害状

3. 发生危害规律与习性

苹果小吉丁虫在伊犁地区1年发生1代，以幼虫在枝干虫道内越冬。幼虫主要分布在幼树的主干、主枝的向阳面和野生苹果树大枝的外围及其分枝处。越冬幼虫于翌年4月中下旬开始活动危害；5月上旬至6月上旬是幼虫危害盛期；5月底至6月上旬开始化蛹，6月中旬为化蛹盛期；成虫羽化始期为6月下旬，7月上中旬为成虫盛发期。成虫羽化后，一般在蛹室内停留8～10天，然后咬破皮层，爬出枝干(图2-148)。成虫具假死性，飞翔能力弱，常取食叶片边缘，咬成缺刻状，白天喜欢在树冠向阳面活动。成虫一般需经15～20天交配产卵，卵多产在枝干向阳面的缝隙内和芽侧、小枝基部等粗糙处。每雌虫可产卵60～70粒。7月中旬为产卵始期，7月下旬为产卵盛期，卵期10～13天，8月为卵孵化盛期，孵化后幼虫蛀入树干或枝条表皮层下蛀食危害， 表皮有红色油状物冒出。初龄幼虫的蛀道不规则，蜿蜒如线，表皮多破裂，末龄幼虫在粗大树干上危害的蛀道，一般多呈长椭圆形近封闭，受害部位皮层被切断，阻碍树液流通，被害皮层干裂变色，形成坏死伤疤。幼虫危害至11月上旬开始越冬。苹果小吉丁虫在伊犁地区各虫态的发生期大致为：11月至翌年5月上旬为越冬代幼虫阶段；5月下旬至7月下旬为蛹阶段，6月下旬至8月上旬为成虫阶段，7月中旬至9月上旬为卵阶段，7月下

◎ 图2-148 苹果小吉丁虫羽化孔

旬至10月为第一代幼虫发生危害阶段。

4. 防治措施

(1) 加强检疫 苹果小吉丁虫可随苗木、接穗传播，开展苗木检疫是防治苹果小吉丁虫传出与传入，变被动救灾为主动预防的最有效的办法。

(2) 营林防治 加强田间管理，增强树势，提高抵抗能力；对老树和衰弱的树应适时更新，受害严重的死树和枝条应砍掉销毁。

(3) 人工防治 利用苹果小吉丁成虫假死性，人工捕捉落地的成虫；清除死树，剪除虫梢，在化蛹前集中烧毁；人工挖虫，冬春季节将虫伤处的老皮刮去，用刀将皮层下的幼虫挖出，然后涂5波美度石硫合剂，保护和促进伤口愈合，阻止其他成虫前去产卵。冬季修剪时，剪去枯枝、挖掉死树，集中烧毁，以减少虫源。

(4) 生物防治 苹果小吉丁虫在老熟幼虫和蛹期有两种寄生蜂和一种寄生蝇，应加以引进和保护。在条件适合的地段或发现吉丁虫天敌啄木鸟栖息的林分，采取人工挂鸟巢、设诱饵或其他措施保护和招引啄木鸟，创造适合啄木鸟生存栖息的环境。

(5) 化学防治 切实防止和控制带虫苗木，接穗调入未发生区。要加强发生区防治，对带虫苗木、接穗需熏蒸处理，在25～26℃时，每立方米用氰化钠16g，密闭1小时，熏杀幼虫。

3月末至4月初幼虫在皮层浅层活动，流红油时，用毛笔蘸0.5%印楝素乳油+煤油以1:5配成混合液或40%辛硫磷、煤油以1:10配成混合液，涂抹被害部。10月下旬至11月上旬再次涂抹，消灭越冬幼虫。

可采用在离地面30cm处沿树木主干各方位均匀打至出深达木质部的斜孔，根据树体大小每株约注入0.5%印楝素乳油原液30～40mL的方法，可有效杀死树内幼虫和成虫。

6月下旬至7月上旬苹果小吉丁虫成虫大量出现，由于成虫白天活动取食叶片，早晚静伏叶上，因此施药时间应在上午10:00点成虫开始活动飞翔以前进行。隔10～15天喷1次，连喷4次。所使用的防治药剂要交替使用，防止产生抗药性。喷施浓度为0.5%印楝素乳油2000倍液，40%辛硫磷1000倍液，2.5%敌杀死2000倍液，8%绿色威雷触破式微胶囊剂600倍液。喷施时要自上而下，由里到外，均匀喷施。喷药后如遇下雨要重喷。

（四）茶镳子透翅蛾

1. 寄主、分布与危害

茶镳子透翅蛾*Synanthedon tipuliformis*(Clerk)也称醋栗透翅蛾，属鳞翅目透翅蛾科，是当前黑加仑生产上发生危害最严重的害虫。国内已知分布新疆伊犁。以幼虫蛀食枝条髓部，上下串食为害，使叶片变黄，引起花果脱落，严重时枝条干枯死亡。该虫除危害黑穗醋栗外，还危害红穗醋栗、醋栗和树莓枝条。

2. 识别特征

(1) 成虫 体长10～15 mm，全体黑色并有蓝色金属光泽。头与体连接处具有黄色环纹。下唇须腹面被黄色。背侧有2条黑线，须端全黑色。触角黑色，腹面色淡。腹部具有黄色环带，雄虫腹部4条，雌虫3条，腹部末端具黑色毛丛。前翅外缘深黄色，中间具有蓝色横带，近外缘有蓝色边；后翅膜质透明，具银灰色缴毛。前足腿节、胫节黑色。跗节背面黑色，腹面黄白色。后足胫节中部及端部各有1对黄色距，中足胫节端部也有1对黄色距(图2-149)。

(2) 卵 椭圆形，淡黄色，近孵化时为黄褐色。

(3) 幼虫 老熟幼虫乳白色至黄白色，圆筒形，体长20～30mm。头部及前胸背板淡褐色。4对腹足，1对臀足。腹足趾钩为单序2列横带，臀足趾钩1列横节(图2-150)。

(4) 蛹 体长9～11mm，宽约2.5mm。3～5节背面后缘有1列三角形刺突。蛹体末端钝圆锥形，节后缘有8个锥状突起，其中6大2小。茧长圆形，丝质，很薄，乳白色。

◎ 图2-149 茶镳子透翅蛾成虫

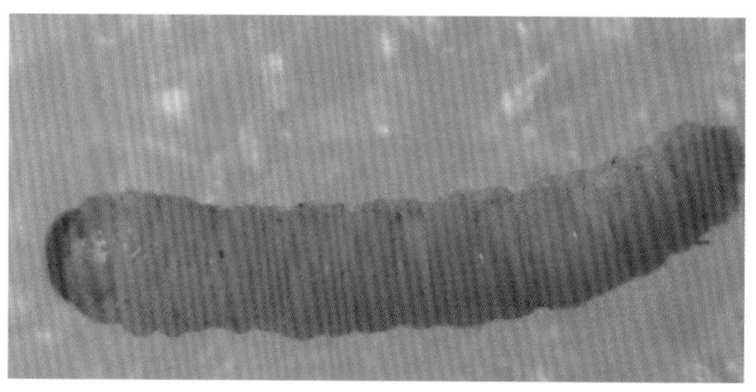

◎ 图2-150 茶镳子透翅蛾幼虫

◎ 图2-151 茶镳子透翅蛾危害状

3. 发生危害规律与习性

1年发生1代，以幼虫在被害枝条髓部越冬。第二年植株萌动后，越冬幼虫继续蛀食。老熟幼虫5月下旬开始化蛹，6月初开始出现成虫，6月中旬到7月上旬为成虫羽化盛期。成虫羽化后，将蛹壳遗留于孔口处。成虫白天活动，飞翔能力强。平均寿命12天，成虫交尾在羽化当天或次日，均在上午。6月下旬为产卵高峰期，卵一般产在芽基部、芽两侧缝隙、叶腋或伤口等处，为单粒散产，卵期10天。孵化出的幼虫咬破皮层钻到木质部内，再钻入髓中蛀食。9月下旬至10月初，幼虫停止活动在虫道内作茧越冬。该虫生活史不整齐，1年中枝条内均可见幼虫(图2-151)。

4. 防治措施

(1) 加强检疫 对黑加仑的种条、苗木调运前做好检疫工作，严禁未经检疫的苗木进出。

(2) 营林防治 加强田间肥水管理，增强树势，提高寄主的抗虫能力，结合春秋两季修剪，剪除带有越冬幼虫的枯枝，集中清理烧毁或深埋，减少虫源基数；生长季节，幼虫开始危害后检查叶片或边缘是否干枯，枝条是否有虫粪或蛀孔，确定是被害枝，应及时剪除，消灭幼虫，防止继续危害。

(3) 人工防治 在成虫发生期每日或隔1～2日于清晨震动树体扑杀。6月中旬至7月上旬，将未交配的雌成虫悬放水盆中央，对雄虫有明显的诱杀效果。

(4) 化学防治 一般在成虫羽化初期及产卵高峰期喷施杀虫剂，但在产卵高峰期正是果实进入成熟阶段，因此要注意用药安全，采果前10天不宜打药。使用的药剂有赛乐收(乙氰菊酯)1500

倍液，2周喷施1次；或10%安绿宝(氯氰菊酯)3000倍液喷施，及时压低虫口密度。将10%吡虫啉乳油滴入排粪孔内，并用毒泥封闭虫孔。幼龄幼虫时在虫排粪口处点涂白僵菌液。

（五）香梨优斑螟

1. 寄主、分布与危害

香梨优斑螟*Euzophera pyriella* Yang属鳞翅目螟蛾科斑螟亚科优斑螟属，是20世纪80年代后期在新疆发现的新种。最初只在个别香梨园危害，现乌鲁木齐、昌吉、哈密、吐鲁番、库尔勒、阿克苏、伊犁、博乐、塔城均有分布，成为香梨的重要害虫之一。主要危害梨、苹果、无花果、枣、扁桃、桃等，也危害箭杆杨和新疆杨等树种。其幼虫蛀食香梨等树木的主干、主枝的韧皮部，在韧皮部与木质部之间蛀成不规则的隧道影响寄主的生长，严重时造成死枝。蛀孔外常堆积褐色颗粒状粪便，较易识别。幼虫还危害果实，往往与梨小食心虫和苹果蠹蛾混合危害梨和苹果，致使果品品质下降，虫果率上升。该虫还可导致腐烂病的侵入，致使树体衰弱，甚至死亡。

2. 识别特征

(1) 成虫 体长6～8mm，翅展14～20mm。体大部分呈灰褐色至暗褐色。复眼大而圆，赤褐色。触角丝状，雄虫触角较粗。胸部光滑，足褐色，内侧灰白；前翅狭长灰褐色，两条灰白色横线之间颜色较暗，中室端及下方具灰白色斑，中室外方有2个小黑点斜向排列。后翅灰褐，外缘较深，缘毛灰白(图2-152)。

◎ 图2-152　香梨优斑螟成虫

(2) 卵 椭圆形，长0.55～0.6mm，宽0.3～0.55mm，表面密布网纹，初产时乳白色，孵化前暗红色。

(3) 幼虫 老熟幼虫体长8～17mm，10～15mm为多，体色深灰色、灰黑色，头部棕褐色，腹足趾钩2序全环式，臀足趾钩2序中带(图2-153)。

(4) 蛹 长约7mm，腹面黄褐色，背面褐色，臀棘12～13个(图2-154)。

◎ 图2-153　香梨优斑螟幼虫

◎ 图2-154　香梨优斑螟蛹

3. 发生危害规律与习性

香梨优斑螟1年发生3代，主要以老熟幼虫在树干的翘皮、裂缝、树洞中结灰白色长形薄茧越冬，也有的在危害蛀食处或苹果、梨的果实内越冬。越冬代幼虫翌年3月下旬开始化蛹，4月上中旬进入化蛹盛期，4月下旬为羽化盛期。第一、二代成虫羽化高峰分别在6月上中旬和7月中下旬。10月份幼虫逐渐进入越冬状态。

第一代幼虫主要危害寄生主干、主枝，初孵幼虫多从剪口、锯口或翘皮裂缝处及腐烂病疤处钻蛀，最喜在主干或主枝的新生大裂缝内蛀食，数头群聚蛀食，危害处常布满大量新鲜的虫粪。幼虫还危害梨、苹果等果实，啃食果皮、果肉、果心，偶尔取食种子。对不同品种具有一定的选择性。一般一个果内1头幼虫，有时也有2～3头或4～5头相同或不同龄期的幼虫。老熟幼虫多在蛀食的孔道化蛹，也有的在果实内化蛹，在树干上化蛹时常头部朝下。

卵散产或数粒堆集一处，多产于树干或主枝的裂缝、翘皮和伤口处。产时白色，逐渐变为淡红色、鲜绿色，将孵化时变为暗红色。

该虫危害可导致腐烂病菌的入侵，经调查90%伴有腐烂病发生，特别是老龄梨树和管理不善树势较弱的梨树，树皮上裂缝多，腐烂病斑多，有利于该虫侵入，导致虫口数量大，致使树体更加衰弱，重者死亡。

成虫有较强的趋糖醋性和一定的趋光性。雌性外激素对雄蛾具引诱力。天敌种类较多，小枕异绒螨成螨、若螨可捕食其各虫态虫体，越冬后的成螨对第一代卵抑制效应显著，在梨园发生密度高。普通草蛉和白线草蛉是捕食幼虫的主要天敌，其次有蒙古花蟹蛛、新疆逍遥蛛、塔里木管网蛛等。星步甲是蛹期主要捕食天敌。姬蜂对越冬代幼虫寄生率高达20%。

4. 防治方法

(1) 人工防治　3月中旬人工刮翘皮、裂缝，杀灭越冬幼虫。

(2) 物理防治　利用糖醋液开展虫情测报和诱杀，在羽化高峰时增加摆放糖醋液诱杀设置的密度，可诱杀大量成虫。

(3) 生物防治　在果园自然生态系统中，对香梨优斑螟捕食性、寄生性天敌种群的综合控制作用不容忽视。

(4) 化学防治　果树生长期，人工逐树检查树干，如发现有新鲜虫粪处，及时挖出其中幼虫或用0.5%印楝素乳油100倍液、5%来福灵乳油1000倍液涂抹蛀孔并涂抹843康复剂原液。在成虫羽化高峰期可用2.5%溴氰菊脂乳油等拟除虫菊酯类农药叶面喷雾防治。

第三章　特色林果主要病害防治

第一节　叶 部 病 害

（一）葡萄霜霉病

1. 寄主、分布与危害

葡萄霜霉病主要危害叶片，也能侵染嫩梢、花序、幼果等幼嫩组织。此病除危害葡萄外，还能侵染山葡萄、野葡萄、蛇葡萄等。

2. 症状

葡萄叶片受害：最初在叶面上产生半透明、水渍状、边缘不清晰的小斑点，后逐渐扩大为淡黄色至黄褐色多角形病斑，大小形状不一，有时数个病斑连在一起，形成黄褐色干枯的大型病斑。空气潮湿时病斑背面产生白色霉状物——病原菌的孢子囊梗与孢子囊。后期病斑干枯呈褐色，病叶易提早脱落(图3-1、图3-2)。

◎ 图3-1　受害叶片正面

◎ 图3-2　受害叶片背面

嫩梢、卷须、叶柄、花穗梗感病，病斑初为半透明水渍状斑点，后逐渐扩大，病斑呈黄褐色至褐色、稍凹陷，空气湿度大时，病斑上产生较稀疏的白色霉状物，病梢生长停止，扭曲，严重时枯死。

幼果感病：病斑近圆形、呈灰绿色，表面生有白色霉状物，后皱缩脱落，果粒长大后感病，一般不形成霉状物。穗轴感病：会引起部分果穗或整个果穗脱落(图3-3)。

3. 病原

葡萄霜霉病是由藻菌界（假菌界）卵菌门卵菌纲霜霉目单轴霉属的葡萄单轴霉*Plasmopara viticola* (Berk.et Curtis)Berl. : de Toni.侵染所致。该菌为专性寄生菌，只危害葡萄。

◎ 图3-3　葡萄霜霉病危害状

4. 发生特点

在露地栽培条件下，病菌主要以卵孢子在落叶中越冬，在暖冬地区，附着在芽上和挂在树上的病叶片内的菌丝体也能越冬。其卵孢子随腐烂叶片在土壤中能存活2年左右。翌年春天，气温达11℃时，卵孢子在小水滴中萌发，产生芽管，形成孢子囊，孢子囊萌发产生游动孢子，借风雨传播到寄主的绿色组织上，由气孔、水孔侵入，经7～12天的潜育期，又产生孢子囊，进行再侵染。孢子囊通常在晚间生成，清晨有露水时进行侵染，没能侵染的孢子囊暴露在阳光下数小时即失去活力。

空气高湿与土壤湿度大，利于霜霉病的发生。降雨是引起该病流行的主要因子。

孢子囊形成的适宜温度范围为13～28℃，最适宜温度为15℃；孢子囊萌发的温度范围为5～21℃，最适宜温度为10～15℃；游动孢子萌发的适宜温度范围为18～24℃。孢子囊的形成、萌发和游动孢子的萌发侵染均需有雨水或露水时才能进行。

不同果树葡萄品种对霜霉病的感病程度不同，欧亚品种群的葡萄易感病，欧美杂交品种较抗病，美洲品种较少感病。果园地势低洼、排水不良，利于发病；氮肥施用过多，树势过旺，通风透光不良也利于发病。

5. 防治措施

(1) 人工防治　彻底清除落叶，细致修剪，剪净病卷须、病枝、病果穗，并将其清除或深埋，以减少病原。

(2) 选用无滴消雾膜　做为设施的外覆盖材料，并在设施内全部覆盖地膜，降低其空气湿度和防止雾气发生，抑制孢子囊的形成、萌发和游动孢子的萌发侵染。

(3) 调节温湿度　特别在葡萄坐果以后，室温白天应快速提温至30℃以上，并尽量维持在32～35℃，以高温低湿来抑制孢子囊的形成、萌发和孢子的萌发侵染。下午16时左右开启风口通风排湿，降低室内湿度，使夜温维持在10～15℃，空气湿度不高于85%，用较低的温湿度抑制孢子囊和孢子的萌发，控制病害发生。

(4) 果穗套袋　可有效消除病菌对葡萄果穗的侵染。

(5) 药剂防治　发芽前地面、植株细致喷布3～5波美度石硫合剂+100倍五氯酚钠药液，可有效抑制病原菌。发芽后每10天左右细致喷布1次杀菌保护剂。具体用药可采用200～240倍波尔多液、27.12%铜高尚悬浮剂300～400倍液、30%绿得宝可湿性粉剂300倍液、绿乳铜800倍液等。以上药液应与80%乙磷铝可湿性粉剂500倍液、72%克露可湿性粉剂700倍液、75%百菌清可湿性粉剂700倍液、25%瑞毒霉可湿性粉剂500倍液、64%杀毒矾可湿性粉剂500液、78%

科博可湿性粉剂500倍液、72.2%普力克700倍液、72%霜露速净600倍液等药液交替使用。不可用同一品种药品连续使用，以免产生抗药性，以提高葡萄的抗逆性与防治效果、增加产量。

（二）葡萄褐斑病

1. 寄主、分布与危害

葡萄褐斑病别名斑点病、褐点病、叶斑病和角斑病。

2. 症状

褐斑病仅危害叶片。分为大褐斑病和小褐斑病。大褐斑病初在叶面长出许多近圆形、多角形或不规则形的褐色小斑点。以后斑点逐渐扩大，直径达3～10mm。病斑中部呈黑褐色，边缘褐色，病健部分界明显。叶背病斑呈淡黑褐色。发病严重时，一张叶片上病斑数可多达数十个，常互相愈合成不规则形状的大斑，直径可达9cm以上；后期在病斑背面产生深褐色的霉状物，即病菌的孢梗束及分生孢子。严重时病叶干枯破裂，以至早期脱落。

小褐斑病在叶片上呈现深褐色小斑，中部颜色稍浅，后期病斑背面长出一层较明显的黑色霉状物。病斑直径2～3mm，大小比较一致。

◎ 图3-4 病叶正面产生的轮纹斑

3. 病原

大褐斑病由半知菌丛梗孢目拟尾孢属葡萄拟尾孢*Pseudocercospora vitis* (Lév.)Speg. 侵染所致。病斑背面的霉状物为分生孢子梗和分生孢子。分生孢子梗束，常10～30根集成1束，暗褐色，细而长，具有2～6个隔膜，大小为(75～190)μm×(4～5)μm。分生孢子在分生孢子梗顶端着生，长棍棒状至圆筒状，稍弯曲，下部略宽，上部较细，呈暗褐色，具7～11个隔膜，大小为(23～84)μm×(7～10)μm (图3-4)。

小褐斑病由半知菌、尾孢霉属座束梗尾孢*Cercospora roesleri*(Catt.)Sacc侵染引起所致。分生孢子梗松散不成束，呈暗褐色，有数个分隔，大小为(46～92) μm× (3.5～4.5) μm。分生孢子长柱形，直或稍弯曲，有3～5个隔膜，大小为(26～78) μm× (6～9) μm (图3-5)。

◎ 图3-5 病叶背面产生的不规则斑点及黑色霉层

4. 发生特点

分生孢子萌发和菌丝体在寄主体内发育需要高湿和高温，在高湿和高温条件下病害发生严重。褐斑病一般在5、6月初发生，7～9月为发病盛期。多雨年份发病较重。发病严重时可使叶片提早1～2个月脱落，严重影响树势和第二年的结果。病菌以菌丝体和分生孢子在落叶上越冬，至第二年初夏长出新的分生孢子梗，产生新的分生孢子，新、旧分生孢子通过气流和雨水传播，引起初次侵染。分生孢子发芽后从叶背气孔侵入，发病通常自植株下部叶片开始，逐渐向上蔓延。病菌侵入寄主后，经过一段时期，于环境条件适宜时，产生第二批分生孢子，引起再次侵染，造成陆续发病。直至秋末，病菌又在落叶的病组织内越冬。

5. 防治措施

(1) 人工防治 秋后结合清园彻底清除果园落叶、残枝，集中烧毁，减少越冬菌源。

(2) 加强栽培管理 改善通风透光条件，增施磷、钾肥料，合理灌水，增强树势，提高抗病能力。

(3) 化学防治 发病初期，结合防治其他葡萄病害，喷洒200倍石灰半量式波尔多液或60%代森锌500～600倍液，科博、喷克等600倍液，每隔10～15天喷1次，连续喷2～3次。由于褐斑病一般从植株的下部叶片开始发生，逐渐向上蔓延，因此第一、二次喷药要着重保护植株的下部叶片。

(4) 药剂防治 褐斑病发生时，可及时喷布烯唑醇3000～4000倍液、多菌灵600倍液或甲基托布津1000倍液等治疗剂进行治疗。

（三）苹果黑腥病

1. 寄主、分布与危害

苹果黑星病又称疮痂病。该病主要危害叶片和果实，还可危害叶柄、果柄、花芽、花器及新稍，在新疆该病主要发生在新疆北部苹果栽培地区和野果林，危害严重时可引起落叶、落花、落果，使果实失去商品价值，对产量影响较大，曾被全疆列为检疫对象。

2. 症状

苹果树叶片染病，初呈淡黄绿色的圆形斑点，或呈放射状病斑，后变为褐色至黑色，上生一层黑褐色绒毛状霉，即病菌的分生孢子梗及分生孢子；发病后期，多数病斑连在一起，致使叶片扭曲甚至干枯破裂；果实自幼果至成熟均可受害，初生淡黄绿色、圆形或椭圆形病斑，后变褐色或黑褐色、表面黑褐色绒状霉层，随着果实不断生长膨大，病斑凹陷、硬化、龟裂或出现星状开裂；幼果受害常致畸形；枝梢染病形成黑褐色长圆形凹陷病斑；花器染病致使花瓣褪色，萼片尖端病斑呈灰色，花梗变黑色，形成环切时造成花和幼果脱落(图3-6)。

◎ 图3-6 苹果黑星病

3. 病原

有性阶段是苹果黑星菌*Venturia inaequalis*（Cooke）Winter，属子囊菌门真菌；无性阶段为发苹果环黑星孢*Spilocaea pomi* Fr，属半知菌类真菌。菌丝最初无色，后变为青褐色至红褐色；在培养基上为灰色、分枝，有隔；分生孢子梗单生，深褐色，单胞，有分隔，短而直立，不分枝，圆柱状，顶部有环痕；分生孢子长梨形或梭形，初生时无色，以后变为深褐色。病菌在腐生阶段形成假囊壳，球状或近球状，褐色至黑色；子囊平行排列于假囊壳的底部，子囊长棍棒形，具短柄，内含8个子囊孢子；子囊孢子长卵圆形，青褐至黄褐色，双细胞。

4. 发生特点

苹果黑星病主要以分生孢子阶段在病枝的病斑上和假囊壳在落叶上越冬，翌年春季子囊孢子陆续成熟，在适宜温度和高湿条件下释放，借风雨传播，进行初侵染。由于假囊壳成熟期不一致，以子囊孢子侵染叶片和幼果的时间可持续1.5个月，但子囊孢子大量释放期都在花蕾开放至花开末期这段时间。子囊孢子释放后落在潮湿叶片和其他敏感部位，发芽直接侵入，其潜伏期长短与温度有关。在嫩枝稍病部越冬的菌丝体或子座，翌年春季产生分生孢子进行初次侵染。在一个生长期，其分生孢子可以发生8~11代，随风雨、昆虫传播，进行多次再侵染。气温20℃左右、高湿，最适于病害流行；树龄大且衰弱、主枝密度过大，管理粗放、缺肥的植株发病重；不同品种间抗病性有明显的差异，大苹果品种中，国光和富士较感病；其次为青香蕉、红星、金冠等抗性较强。感病种还有赛维氏苹果、红肉苹果，老品种卡尔都什卡（洋芋）。

5. 防治措施

(1) 加强检疫 新疆的苹果黑星病仅在局部地区发生，故应加强检疫，划定疫区和保护区，严防有病苗木和接穗从病区传入保护区，有病的果实也不要外运，以防该病的扩大蔓延。

(2) 营林防治 发病严重的果园选栽抗病的品种。

(3) 人工防治 清除初侵染源，落叶后及时清扫果园、清除落叶、落果、集中烧毁或深埋。秋翻果园，施含木霉的菌肥。氮素对病菌假囊壳的形成有抑制作用，故用10%硝酸铵或15%硫酸铵，特别是7%的尿素药液，用量2250kg/hm^2，把地面的落叶喷湿，可有效地抑制假囊壳的形成和成熟。

(4) 化学防治 喷施保护剂，对早熟品种，第一次应在蕾期、开花期用1:2:160的波尔多液进行喷施，第二次应在盛花后，70%落花时进行。除波尔多液外，也可用65%代森锰锌可湿性粉剂500～700倍液喷洒。

第二节 枝干病害

（一）苹果腐烂病

1. 寄主、分布与危害

苹果腐烂病，俗称烂皮病，臭皮病，是一种发生范围广、危害程度重、损失极大的果树病害，也是我国北方苹果树重要病害。主要危害6年生以上进入盛果期的结果树，轻者，造成树势衰弱，大枝、小枝病死，结果能力锐减，果品质量下降，结果年限缩短；重者，主枝、主干枯死，甚至全园毁灭。

2. 症状

有溃疡、枝枯和表皮腐烂3种类型。溃疡型在早春树干、枝树皮上出现红褐色、水渍状、微隆起、圆至长圆形病斑。质地松软，易撕裂，手压凹陷，流出黄褐色汁液，有酒糟味。后干缩，边缘有裂缝，病皮长出小黑点。潮湿时小黑点会挤出金黄色的卷须状物(图3-7)。

◎ 图3-7　苹果腐烂病感病部位子囊壳

枝枯型在春季2～5年生枝上出现病斑，边缘不清晰，不隆起，不呈水渍状，后失水干枯，密生小黑粒点。

表皮腐烂型在夏秋落皮层上出现稍带红褐色、稍湿润的小溃疡斑。边缘不整齐，一般深2～3cm，1cm²大小至几十平方厘米大小，腐烂。后干缩呈饼状。晚秋以后形成溃疡斑(图3-8)。

3. 病原

病原为苹果黑腐皮壳*Valsa mali* Miyabe et Yamada，属子囊菌门。秋季形成子囊壳。子囊孢子无色，单胞。无性世代为苹果干腐烂壳囊孢*Cytospora mandshurica* Miura，属半知菌。于树皮下形成小黑粒点状分生孢子座，产生多个分生孢子器；分生孢子无色，单胞，腊肠形。有性世代仅在塔城、伊犁等地采到。

◎ 图3-8　苹果腐烂病症状

4. 发生特点

病菌在病树皮和木质部表层越冬，病菌在落皮层中潜伏侵染，如树势生长衰弱，则侵入到皮层中生长。早春产生分生孢子，遇雨由分生孢子器挤出孢子角。分生孢子分散，随风飞散可借风、雨、昆虫等媒介传播，萌发后从皮孔、果柄痕、叶痕及各种伤口侵入树体，在侵染点潜伏，使树体普遍带菌。6～8月树皮形成落皮层时，孢子侵入并在死组织上生长，后向健康组织发展。翌春扩展迅速，形成溃疡斑。病部环缢枝干即可造成枯枝死树。

此病1年有两个扩展高峰期。即3～4月和8～9月，春季重于秋季。树势健壮、营养条件好，发病轻微。树势衰弱，缺肥干旱、结果过多、发生冻害及红蜘蛛大发生后，腐烂病可大发生。

5. 防治措施

(1) 加强栽培管理　增施有机肥料，及时灌水。薄地果园可围绕树盘扩坑改土，合理留果，注意排水等措施，以增强树势。

(2) 清除菌原 及时清理剪除病枝、死枝，刮除病皮。地面铺塑料膜接剪下的残枝，然后集中在园外销毁。剪锯下的大枝不要堆放在园内，不用病枝做支棍或架篱笆，及时焚烧，或把皮层烧焦，以免病菌传播。

(3) 喷铲除剂 早春发芽前应全树喷40%福美胂可湿性粉剂100倍液。如果同石硫合剂喷药发生矛盾，可两种药隔年交替使用，铲除表面粘附和潜伏表层的病菌。

(4) 刮治病斑 早春和晚秋刮净病斑烂部，刮成边缘立茬，然后涂药。涂药可用40%福美胂可湿性粉剂25～50倍液，或福美胂系列的膏剂、膜剂，延长持效期，也可用5%水剂菌毒清20～50倍液，或配方为甲基托布津:福美胂:凡士林油=1:1:8的托福油膏等。此病易复发，夏秋应及时检查补治。

(5) 桥接 对病斑过大，影响树体上下养分运输的斑，可于春季选一年生壮枝作为接穗，在病斑上下边缘，实行多枝桥接，绑紧即可。

（二）梨树腐烂病

1. 寄主、分布与危害

梨树腐烂病是梨树的主要病害，是造成梨树死枝、死树、毁园的重要原因。

2. 症状

梨树腐烂病多发生在主干、主枝和侧枝，在新疆甚至幼苗也可受害。病部树皮腐烂多发生在枝干向阳面及枝杈部。初期稍隆起、水浸状，病组织较松软，有的溢出红褐色汁液，一般不烂透树皮。当梨树进入生长期后，病部扩展缓慢，干缩下陷，病健交界处的裂纹一般较苹果树腐烂病深，而且上面常有较多的纵横裂纹，很容易破碎成块，病部表面生满黑褐色的小粒点，即子座及分生孢子器。潮湿时分生孢子器吸水，从孔口涌出淡黄色丝状的分生孢子角。在健壮树上，伴随愈伤组织的形成，四周稍隆起，病皮干翘脱落，后长出新皮及木栓组织。

夏秋季发病，主要产生表面溃疡，沿树皮表层扩展，略湿润，轮廓不明显，病组织较软，稍凹陷，只有局部深入，后期停止扩展；晚秋初冬，树皮表面死组织的病菌在树体活力减弱时又开始扩展危害，在枝干粗皮边缘死皮与活皮邻接处出现坏死点(图3-9、图3-10)。

◎ 图3-9　梨树腐烂病危害主干

3. 病原

梨树腐烂病菌无性阶段为梨壳囊孢*Cytospora carphosperma* Fr，属半知菌。病原的形态与苹果树腐烂病相似，其子座墨绿色，基部直径可达1.5mm，1个子座内只生1孔多腔的分生孢子器；分生孢子梗无色，单胞，不分枝，密生于分生孢子器的内壁上，梗长15～18μm；分生孢子无色，单胞、腊肠型，大小(4.0～5.0)μm×(0.8～1.1)μm。有性阶段称苹果黑腐病皮壳梨变种Valsa mali Miyaba Yamada var.piri Y.J.Lu，属子囊菌门真菌。在新疆至今未发现该菌的有性阶段(图3-11)。

◎ 图3-10　梨树腐烂病危害主枝

4. 发生特点

在新疆，梨树腐烂病的侵染循环与苹果树腐烂病基本相同，主要以菌丝体、分生孢子器在病树皮上越冬，翌年春暖时活动，产生分生孢子借风雨传播，从伤口侵入，病菌多危害树皮表层。该病一年有两次发病高峰，分别为春季和秋季，夏季停止扩展，冬季发病停滞。

根据该病寄生性弱、从伤口侵入、潜伏感染等特点，其树势强弱及愈伤能力强弱便成为腐烂病能否流行的决定因素。没有愈合的剪口、锯口、冻伤、虫伤、病伤、机械伤、鼠害伤及其他带有坏死组织的伤口都可能成为病菌侵入的门户，故伤口多、愈伤能力差，则病重；树势衰弱是腐烂病发生的决定因素，因为该菌属于弱寄生菌，健壮的果树愈伤能力强，可抑制病菌的侵染和扩展。幼树具有较强的生长势，又处于生理活跃期，故幼龄果园病轻，老龄果园病重；冻害会严重消弱树势，凡冻害严重的年份，腐烂病则发生较重；果树连年结果，要消耗大量营养，若土壤质地差，肥力不足或地下水位过高，则果树长势差，抗病弱、发病就重，氮肥施用多，缺磷、钾肥，特别是缺钾肥时，会促使腐烂病发生；修剪不良常造成大、小年，易消弱树势，修剪过重，造成伤口较多，若不及时保护，则有利于病害发生。

◎ 图3-11　感病部位上产生的分生孢子角

5. 防治措施

(1) 加强栽培管理　通过合理的施肥、耕作、修剪、控制负载、及时控水、注意排水、防碱、增强树势，提高树体抗病力。

(2) 刮治病斑　及时刮治并涂药保护，刮治应做到“刮早、刮小、刮了”，“冬春突击，常年坚持，经常检查”。刮治的最好时期是春季，刮治的方法是用快刀将病变组织及带菌组织彻底刮除，深度为2cm。不但要刮净变色组织，而且要刮去0.5cm健康组织，刮成梭形，表面光滑，不留毛茬。刮后必须及时涂药保护，根据实践，9281康复剂的效果十分显著，配比为1:1,

然后直接用843康复剂涂抹。

在修剪、刮治时，要及时将病枝、病树皮收拾干净，集中烧毁，不能丢弃田间或存放在果园附近，以减少菌源。

(3) 喷铲除剂 对于发病普遍的果园，可用9281康复剂500倍液，均匀喷洒于树干、枝条。也可用腐必清100倍液喷洒，还能兼防叶螨和蚧壳虫。

(4) 桥接 对于主干、主枝上的严重病部，其木质部1/2～2/3已坏死难以愈合的果树，可以进行桥接和脚接，以助恢复树势。

（三）核桃腐烂病

1. 寄主、分布与危害

主要危害核桃主干、主枝树皮，阻止养分输送，造成树体生长衰弱，结实力下降，甚至全株死亡。

2. 症状

症状因树龄和发病部位不同而不同。幼树主干和骨干枝病斑初期暗灰色，水渍状，微肿起，病皮变为黑褐色，有酒糟味。病组织失水下陷后，病斑上散生许多小黑点。病斑沿树干纵横向发展，后期皮纵向裂开，流出黑水，病斑环树干一周时，幼树主枝或全株死亡。大树主干感病后，初期隐蔽在树皮部，外部无明显症状，当病斑连片扩大后，树皮裂开，流出黑水，干后发亮，好像刷了一层黑漆。营养枝或2～3年生侧枝感病后，枝条逐渐失绿，皮层和木质部剥离，失水干枯(图3-12)。

3. 病原

核桃腐烂病病菌是胡桃壳囊孢*Cytospora juglandicola* Ell.：Barth，属半知菌。分生孢子器在皮层的子座中，分生孢子器形状不规则，多室，黑褐色，有明显的长颈，成熟后孔口突破表皮外露，放出橘红色孢子角，分生孢子单胞无色，香蕉状(图3-13)。

4. 发生特点

病菌以菌丝或分生孢子器在病枝上越冬。翌春树液流动时，病菌孢子借风、雨、昆虫传播，从伤口侵入。可在芽痕、皮孔、剪口、嫁接口及冻伤、日灼处发生病斑。病斑扩展及病菌

◎ 图3-12 感染核桃腐烂病的树干腐烂皮层

◎ 图3-13 感病部位上产生的分生孢子角

活动以4月中旬到5月下旬为主要时期，8月份出现第二次发病高峰，11月上中旬停止活动。一般土壤瘠薄，排水不良，管理粗放，遭受冻害和干旱失水的核桃树易发病。

5. 防治措施

(1) 加强栽培管理 山地核桃园应重视深翻扩穴，增施有机肥料，合理施用氮、磷、钾肥和微量元素，提高树体营养水平，强健树势，增强植株的抗寒抗病能力。入冬前进行树干涂白。预防冻害，避免病菌侵入。

(2) 及时刮除病斑 早春和晚秋要及时检查和刮除病斑，做到"刮早，刮小，刮了"。大树要刮去老皮，铲除隐蔽在皮层下的病疤，刮口要光滑平整。刮后在刮除部位涂抹50%甲基托布津50倍液，65%代森锌50～100倍液，5～10波美度石硫合剂保护伤口。

(3) 搞好果园卫生 结合修剪及时清除果园病枝、枯枝、死树，集中烧毁。

（四）流胶病

1. 寄主、分布与危害

流胶病是果树林木常见的病害。按病原可分为非传染性和传染性两种。寄主树种有桃、杏、李、苹果、梨、红枣、樱桃、核桃、巴旦杏、香椿、臭椿、沙枣、杨、柳、榆等多种树木。危害果树林木的枝、干和果实，受害果树生长衰弱，果品产量和质量降低，果农收入减少。受害的园林绿化树木影响市容。受害的防护林、用材林树木生长量减少，防护效能降低。

2. 症状

(1) 非侵染性流胶病 非侵染性流胶病主要危害主干、主枝，严重时小枝也可受害。发病初期，病部稍肿胀。早春树木生命活动开始，从病部流出半透明乳白色至黄色树胶，雨后流胶更严重。流出的树胶与空气接触后，变为红褐色、胶冻状，干燥后变为红褐色至茶褐色的坚硬胶块。病部易被腐生菌侵染，皮层和木质部变为褐色腐烂，树势衰弱，叶片变黄、变小，严重时枝条干枯，甚至全株发病，果面流出黄色胶质，病部硬化，发育不良(图3-14)。

(2) 侵染性流胶病 侵染性流胶病主要危害枝、干，也危害果实。在新枝发病，以皮孔为中心，树皮隆起，出现直径1~4mm的疣，疣上散生针头状小黑点，小黑点即是分生孢子器。在大枝及树干上发病，树皮表面龟裂、粗糙，以后病部树皮开裂，陆续溢出树脂状树胶。树胶透明、柔软。树胶与空气接触后，由黄白色变成褐色、红褐色至茶褐色的硬胶状。病部易被腐生菌侵染，使皮层和木质部变褐腐朽。被害果树林木树势衰弱，叶片变黄，严重时全株枯死。果实发病，由果核内分泌黄色胶质。胶质溢出果面，病部硬化，有时龟裂，严重影响果品的质量和产量(图3-15、图3-16)。

◎ 图3-14　流胶病危害的桃树

3. 病原

(1) 非侵染性流胶病 非侵染性流胶病的病原属于非侵染性病原。冰雹、霜害、冻害、病虫伤口及机械创伤均可引起流胶。施肥不当，修枝过重，果树结实过多，栽植过深，灌水不当，土壤黏重，果树林木与土壤的pH值不相适应等也会引起果树林木生理失调，而导致果树林木流胶。

(2) 侵染性流胶病 侵染性流胶病的病原属于侵染性病原。病原菌有性世代属于子囊菌门的茶藨子葡萄座腔菌*Botryosphaeria ribis* Gross.et Dugg.，无性世代为半知菌的小穴壳孢菌*Dothiorella gregaria* Sacc.。

◎ 图3-15 流胶病危害的李树

4. 发生特点

(1) 非侵染性流胶病 4～10月，长期干旱偶降暴雨，或大水灌溉后，非侵染性流胶病常严重发生。一般树龄大的果树林木比树龄小的流胶严重。果实流胶与虫害有关，果实受到蝽象或蛀果类害虫危害后果实发生流胶。在沙壤土和含砾质的土壤上栽植的果树比在黏壤土上栽植的果树林木发生流胶较轻。果树林木管理细致的比粗放管理的发生流胶病较轻。无水涝、干旱、冰雹的年份比水涝、干旱、冰雹、冻害的年份发生流胶病较轻。无蛀干害虫、蛀果害虫危害的果园、林分比有蛀干害虫、蛀果害虫危害的果园、林分流胶病较轻。

◎ 图3-16 流胶病危害的杏树

(2) 侵染性流胶病 以菌丝体和分生孢子器在被害枝条上越冬，翌年3月下旬至4月中旬产生分生孢子，借风雨传播，从皮孔或伤口处侵入。1年中有2个发病高峰，分别在5～6月和8～9月。当气温15℃左右时，病部即可溢出胶液，随着气温的上升，被害果树林木流胶点增多。被害树上一般直立枝基部以上部位发病严重，侧生枝向地表的部位重于向上的部位，枝干分权处发病严重。土质瘠薄，水肥不足，结实负载量大的果园、林分发病率较大。黄桃品系比白桃品系易感病。

5. 防治措施

(1) 非侵染性流胶病防治方法 果园或林分要加强营林防治：增施有机肥，低洼积水地段要注意排出积水，盐碱地要注意排碱或改良土壤，合理修枝减少修枝伤口。及时防治蛀干害虫和刺吸枝干的害虫，天牛、吉丁虫、介壳虫、蟒象等害虫危害果树林木留下的伤口易发生流胶病，防治此类害虫能减少流胶病的发生。选用抗病品种，及时防治腐烂病也能降低流胶病的发生。冬季树干涂白可减轻流胶病的发生。化学防治：果树落花后和林木新梢生长期各喷1次浓度为0.2%～0.3%的比久（B9）溶液，可抑制流胶病发生；喷洒0.01%～0.1%的矮壮素，促进枝条木质化，可减少流胶病发生。

(2) 侵染性流胶病防治方法 营林防治：结合冬季修枝，消除被害枝梢，低洼地积水时注意及时开沟排涝，增施有机肥及磷、钾肥，控制果树结果负载量，适当疏果。化学防治措施：果树林木休眠期至芽萌动之前用抗菌剂102的100倍液涂刷病斑。果树开花前刮去流胶胶块，再涂抹50%退菌特可湿性粉剂与5%硫悬乳剂混合液，混合液配方为1:5。果树林木生长期5～6月，喷洒50%多菌灵可湿性粉剂800倍液或50%混杀硫悬乳剂500倍液、50%多菌灵可湿性粉剂1500倍液、70%甲基硫菌灵超微可湿性粉剂1000倍液，每15天喷1次，共喷3～4次。

（五）枣疯病

1. 寄主、分布与危害

枣疯病俗称“公枣树”，是枣树和酸枣的一种毁灭性病害。在全国大部枣区均有发生。河北、北京、山西、陕西，河南、安徽、广西等枣区发生较严重，一般病株率达3%～5%，有的枣园高达30%以上，严重时能造成枣树大量死亡甚至毁园，对枣树生产造成较大损失，对枣业发展也有一定影响。

2. 症状

枣疯病的症状表现是花器返祖，花梗伸长，萼片、花瓣、雄蕊变成小叶，主芽、隐芽和副芽萌生后变成节间很短的细弱丛生状枝，休眠期不脱落，残留树上。重病树一般不结果或结果很少，果实小，花脸、果内硬，不能食用。

症状识别：初始症状出现在开花后，表现为花器退化和芽不正常萌发，长出的叶片狭小，形成枝叶丛生，嫩叶表现明脉、黄化和卷曲呈匙状(图3-17)。

病树叶片于花后有明显病变，先是叶肉变黄，逐渐整个叶片黄化，边缘上卷，后期变硬且脆，暗淡无光。

病株1年生发育枝上的正芽和多年生发育枝上的隐芽，大部分萌发生成发育枝，病花一般不能结果，即使结果也无经济价值。

病根后期皮层变褐色并腐烂，病树果实无收，直至全株枯死。

◎ 图3-17 枣疯病症状

3. 病原

病原植原体*Phytoplasma*是介于病毒和细菌之间的微生物(图3-18)。

◎ 图3-18　枣疯病发病与正常枝叶对比

4. 发生特点

发病时，一般先在部分枝或根蘖上表现症状，然后扩及全树。由于芽的不断萌发，无节制地抽生病枝且又生长不良，因大量消耗营养，终使枝条全株死亡。一般枣苗、小树从发病到枯死约1～3年，大树3～6年即枯死。树越健壮，树冠越大，死亡过程越慢。在同株上，主干下部的枝条发病早于上部，枝条顶部、主干和大枝的当年生枝条或萌蘖以及根蘖发病严重。据观察，各种嫁接方法均能传病，嫁接后，潜育期最短25～30天，最长可达380天，病原侵入树体后，先下行至根部，然后再传至别的枝系或全树。花粉、种子、疯叶汁液和土壤是不传病的。病树和健树的根系自然靠近或新刨病树坑即栽植枣树也都不传病。在自然界，叶蝉是传播本病原的媒介。

发病和流行与生态条件关系密切：土壤瘠薄、管理粗放、树势衰弱的低山丘陵枣园，发病重；杂草丛生，周围有松、柏及间作芝麻的枣园发病重；土壤酸性、石灰质含量低的枣园发病重；而管理水平高的平原沙地枣园发病轻。靠自生根苗培育成株的枣区病情发展快，而单株栽植的枣区病情发展慢。阳坡比阴坡发病重，海拔500m以上的枣园发病较轻。品种间抗病性有差异，含糖分高的品种抗性差，如金丝枣高感、行唐墩子枣、滕县红枣较抗病，有些酸枣及交城醋枣则是免疫的。

5. 防治措施

(1) 选用无病苗木和接穗　严禁在枣疯病区刨根蘖苗和采集接穗，以免苗木和接穗带菌进行传播。

(2) 及时清除病枝、病树和病苗　苗圃内如发现疯病苗应及时清除，这是防治枣疯病最有效的方法之一。每棵树即使出现1枝病枝，也应刨全树，不要只去病枝不刨树。只去病枝不去病树常造成病原扩散的恶果。病树染病后，病原体即随枝叶枯干而死亡，不会再扩散传播，因而刨倒的病树不必烧毁处理。

(3) 加强管理，增强树势，提高树体抗病能力　实践证明，荒芜的枣园枣疯病严重，加强枣园综合管理，可有效减轻枣疯病危害。

(4) 防治媒介昆虫，切断传播途径　叶蝉在枣疯病树吸食后到无病树上取食即可传病。枣树发芽后结合防治其他害虫喷杀虫剂杀死叶蝉。在5月上旬枣树发芽展叶期，中国拟菱纹叶蝉等传病害虫第一代成虫进入羽化盛期，喷布0.3%印楝素乳油2000倍液加复果1000倍液，或喷布20%灭杀丁2000倍液加复果1000倍液进行防治。不仅要在枣园普遍防治，而且在枣园附近的其他果园和林地也要进行防治。同时枣园不宜间作芝麻，枣园附近不宜栽种松、柏树和泡桐，10月份叶蝉向松、柏转移之后至春季叶蝉向枣树转移之前，向松、柏集中喷杀虫剂，以降低虫口基数，减少侵染几率。

(5) 用抗菌素治疗 发芽前对轻病树先锯除病枝，发芽后至开花前采用树干钻孔吊瓶输液的方法，常用药剂有土霉素、盐酸四环素等，浓度一般掌握在1/1000，药量视树体大小和发病严重程度而异。

(6) 选用抗病品种 这是预防枣疯病最好的方法。

第三节 根部病害

（一）冠瘿病

拉丁名：*Agrobacterium tumefaciens* (Smith and Townsend)Conn.

异　名：*Bacterium tumefaciens* Smith et Townsend

Pseudomonas tumefaciens (S.etT.)Duggar

Bacillus tumefaciens (S.etT.)Holland

Phytomnas tumefaciens (S.etT.)Bergeys

1. 寄主、分布与危害

冠瘿病又称根癌病、根瘤病、黑瘤病、肿瘤病及肿根病等。主要发生在幼苗和幼树干基部和根部，有时也发生于侧根和支根上，嫁接处较为常见。还有时发生在茎部。感病的植物由于根部发生癌变，水分、养分流通受阻，生长衰弱。如果根茎部和主干上的病瘤环干1周，则生长趋于停滞，叶片发黄而早落，严重时导致果树死亡。进入盛果期的果树如受害，则果实小，生活年限缩短。国内主要分布在河南、陕西、甘肃、山东、辽宁、河北、北京、山西、吉林、浙江、福建、新疆等地。新疆主要分布在阿克苏、乌鲁木齐、哈密、伊犁、吐鲁番等地区。

该病寄主范围广泛，能侵染桃、李、杏、樱桃、梨、苹果、葡萄、枣、核桃、枸杞等，是林果的重要根部病害。近些年由于新疆自治区特色林果的发展，林果苗木调运频繁，导致此病有继续扩散的趋势。

2. 症状

冠瘿病的症状是在危害部位形成大小不一的癌瘤，初期幼嫩，在被害处形成灰白色瘤状物，难以与愈伤组织区分，但它较愈伤组织发育快，以后这种光滑、质地柔软的小瘤逐渐增大成不规则形状，表面由灰白色变成褐色至暗褐色。在大瘤上又出现许多小瘤，表面粗糙并龟裂，质地坚硬，表层细胞枯死，内部木质化，并在瘤的周围或表面产生一些细根。最后外皮脱落，露出许多突起状小木瘤。瘤的内部组织紊乱，混有薄壁组织及维管束。瘤的直径最大可达30cm。受害部位的癌瘤形状、大小、质地因寄主不同而有差异。一般木本寄主的癌瘤大而硬，木质化；草木植物的癌瘤小而软，肉质(图3-19、图3-20)。

3. 病原

冠瘿病的病原属薄壁菌门革兰氏阴性好氧根瘤菌科，是由于病原菌携带Ti质粒的菌株侵染植物的根茎部引起植物组织过度增生而形成瘿瘤的一种细菌性病害。

4. 发生特点

冠瘿病的病原在根瘤组织的皮层内越冬，或在根瘤破裂时，进入土壤中越冬。病原菌存活1

◎ 图3-19 感染冠瘿病的葡萄蔓

◎ 图3-20 感染冠瘿病的石榴枝条

年以上，如果2年内得不到侵染机会即失去活力。病菌通过伤口侵入寄主，嫁接点、害虫和中耕造成的伤口都可以引起病原菌侵入。雨水和灌溉水是传病的主要媒介。苗木带菌是远距离传病的主要途径。

发病条件：病菌侵染的机率随土壤湿度的增高而增加。温度方面瘤的形成以22℃最为适合。土壤为碱性时有利于发病，在土壤pH6.2～8的范围内均能致病。土壤黏重、排水不良的地块发病多。嫁接时切接苗木伤口大、愈合慢，接后要培上，伤口与土壤接触时间长，染病机会多，发病率较高。芽接苗接口在地表以上，伤口小，愈合较快，较少发病。此外，耕作不慎伤根或地下害虫危害，也会增加发病机会。

5. 防治措施

(1) 严把检疫关 严禁从病情发生区引进苗木，调运检疫和复检中发现感病苗木应立即销毁。

(2) 药物防治 将可疑苗木用1%～2%硫酸铜液100倍浸泡5分钟，再放入生石灰50倍液浸泡1分钟，用清水冲洗后再栽植；或将可疑的患病处削去，在削口处用5波美度石硫合剂100倍液、80%402抗菌乳剂50倍液消毒，外涂波尔多液保护。

(3) 选择无病土壤作苗圃，避免重茬 曾发生过根癌病的果园和苗圃地不能作为育苗地。苗圃地应进行土壤消毒，每平方米施硫磺粉50～100克或50%福尔马林60克。

(4) 嫁接苗木 应避免伤口接触土壤，嫁接工具使用前后须用75%酒精消毒。最好改枝接为芽接。

(5) 改善土壤条件 碱性土壤应适当施用酸性肥料或增施有机肥料，以改变土壤pH值，使之不利于病菌生长。雨季及时排水，改善土壤的通透条件。中耕时应尽量少伤根。

(6) 病株处理 在定植后的果树上发现病瘤时，要先彻底切除病瘤，然后用1%～2%硫酸铜液100倍或80%402抗菌乳剂50倍液消毒切口，再外涂波尔多液保护，切下的病瘤应立即烧毁，病株周围的土壤也要用80%402抗菌乳2000倍液消毒。

(7) 防治地下害虫 地下害虫危害会造成根部受伤，增加发病机会。及时防治地下害虫，可以减少发病机会。

(8) 生物防治 K84是一种根际细菌，对防治核果类如苹果、梨、柿等果树的根癌土壤杆菌效果很好，但是对葡萄根癌病无效。使用时以水稀释后浸根、浸种或浸插条。处理后的苗木可有效防止根癌病的发生，有效期达2年，还可以用作嫁接伤口的保护。但K84只是一种生物保护剂，只有在病菌侵入前使用才能获得良好的防效。我国用K84菌株发酵产品制成的拮抗根癌病生物农药——根癌宁，使用其30倍稀释液对桃树进行浸桃核育苗、浸根定植、切瘤灌根等生物措施，均能有效控制根癌病的发生，防止效果达90%以上。另外，它对核果类的其他树种和仁果类果树的根癌病也有很好的防效。浸根一般用30倍的根癌宁液浸根5分钟。对于3年以下的幼树，可扒开根际土壤，每株浇灌1～2kg30倍根癌宁液预防。在病株防治时，可在刮除病瘤的根上贴附吸足30倍根癌宁的药棉，并灌以适量药液治疗。

（二）根腐病

1. 寄主、分布与危害

根腐病寄主广泛，危害多种果树和林木，在新疆危害最重的是枸杞。寄主被害后根部腐烂，叶片萎蔫、黄化、干枯，最后整株枯亡。

2. 症状

枸杞根腐病症状有根朽和根腐两种类型。

(1) 根朽型 根和根颈部腐朽，皮层剥落，维管束变褐色，遇潮湿在病部长出白色或粉红色霉层。病株春季展叶时间比健株较晚，枝条萎蔫，叶片变小，花蕾和果实瘦小，出现落蕾、落叶，严重时全株死亡。也有落叶后又萌发出新叶，经多次反复最后枯死。

(2) 根腐型 根茎和枝干的皮层变黑褐色腐烂，维管束变为褐色。病株叶片先从叶尖变黄，逐渐枯焦，向上反卷。根茎和枝干皮层腐烂环绕1周时，病部以上叶片全部脱落，树木枯死。在7～8月高温季节，病株会突然萎蔫枯死，枯死后枯叶仍挂在树上。

枸杞根腐病症状常表现为半边树冠发病或1个枝条发病。病树死亡后有时会从根茎部萌发出新的蘖生苗(图3-21)。

3. 病原

枸杞根腐病的病原菌有真菌界的半知菌镰刀菌属尖镰孢*Fusarium oxysporum* E.F.Sm. Swingle、腐皮镰孢*F. solani*（Mart.） Sacc.、同色镰孢 *F. concolor* Reinking、串珠镰孢 *F. moniliforme* J.sheld.(图3-22)。

有些地区主要病原菌是藻菌界卵菌门的疫霉属*Phytophthora nicotianae* B.de Haan var.

◎ 图3-21 枸杞根腐病

◎ 图3-22 三年生核桃根腐病

parasitica (Dest.) Water house，寄生疫霉寄生在枸杞上，在精河牛场等地采集到。

4. 发生特点

枸杞根腐病病原菌在病株活体上越冬，翌年重复发病，病原菌也随病株越冬和传播。镰刀菌是土壤的习居性真菌，在病株死亡拔出后，重新栽植枸杞，同样会被土中的镰刀菌侵染发病(图3-23、图3-24)。

◎ 图3-23　核桃苗根腐病

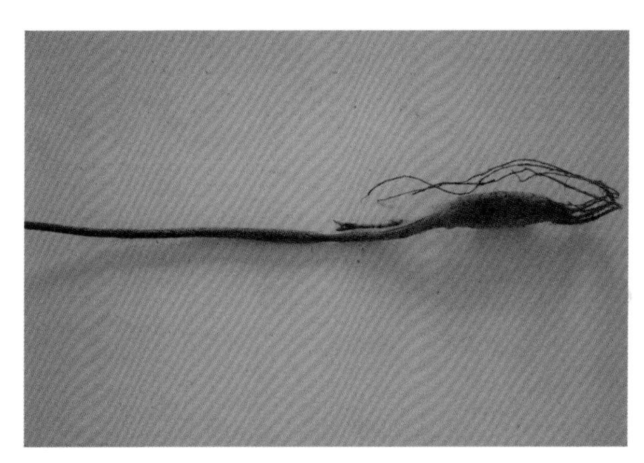

◎ 图3-24　一年生核桃苗根腐病

病原菌从伤口或穿过皮层组织侵染，引起寄主植物发病。不同的镰刀菌，不同的侵染方式，发病的潜育期有所不同。在20℃条件下，尖孢镰刀菌从伤口侵染发病潜育期3天，没有伤口直接从皮层侵染潜育期19天；茄类镰刀菌依次为5天和10天；同色镰刀菌从伤口侵染潜育期5天。

田间积水是发病的重要原因。盆栽枸杞接种病原菌积水培养实验表明，积水1、3、5、7、9天死亡率分别为4%、4.9%、16.3%、21.1%、23.7%，田间观察也是积水比不积水的栽培方式发病率显著偏高。

土壤质地也是发病原因。通气性差的白僵土比通气性好的沙壤土发病率高9%～22.5%。

栽培作业也是发病原因。苗木根系不完整，根部伤口多，以及中耕、松土、除草作业粗放，损伤寄主植物也会引起根腐病发生。

害虫危害也会导致根腐病发生。尤其是蛀干害虫、刺吸式口器害虫、地下害虫等危害后留下的伤口，易引发根腐病。

5. 防治措施

(1) 营林防治　培育枸杞等寄主植物应选用沙壤土，避免在土质黏重、通气性差的土壤上培育枸杞。注意增施有机肥，改良土壤。改善耕作条件，培土垅作，减少田间积水。改变大水漫灌为细水浇灌，有条件的使用滴灌。中耕、除草、松土等作业不要损伤寄主植物。苗圃起苗不要伤根，保证根系完整。造林定植时严格检查苗木，淘汰有伤口的苗木。

(2) 检疫措施　根腐病病原菌随苗木携带传播，疫区苗木运出疫区要进行消毒除害处理。用1%波尔多液浸根1小时，或用1%硫酸铜浸根3小时，或用石灰水浸根半小时，浸根后用清水清洗。疫区病死的植株要及时挖出，收集烧毁。

(3) 化学防治　发现根腐病症状出现要及时用45%代森铵500倍液灌根，每株用10～15kg药水。病株周围未出现症状的植株也要一同实施药物灌根。药物灌根也可选用福尔马林100倍液，或0.5%硫酸亚铁。药物灌根后浇水1次，既能防止药害，又能提高杀菌效果。挖出病株后土地上的病穴要进行药物处理，病穴土壤浇灌五氯酚钠250～300倍液，或70%甲基托布津1000倍液，也可用石灰粉消毒杀菌。

第四节　果 实 病 害

（一）葡萄黑痘病

1. 寄主、分布与危害

葡萄黑痘病又名疮痂病、哈蟆眼、火龙、鸟眼病、黑斑等，是危害葡萄的主要真菌病害之一。该病在我国各地均有发生，尤其在多雨潮湿的地方发生较重。此病主要危害葡萄的幼嫩组织，严重时枯死脱落，对葡萄的产量造成巨大损失。

2. 症状

葡萄黑痘病从小葡萄发芽到生长后期都会发生，植株的绿色幼嫩部分，如新梢、卷须、叶片、叶柄、果实、果梗等均会受害。以春季和夏季最为常见。各部位的症状特点如下：

(1) 新梢　新梢发病后病斑呈长椭圆形，边缘呈紫褐色，稍隆起，中央呈灰白色，凹陷，有时可深入木质部或髓部，龟裂。从新梢顶端发病，逐渐向下扩展，直到整个新梢变黑枯死。卷须、叶柄、花轴、穗轴、果梗等处发病症状与新梢相似。

(2) 叶片　葡萄黑痘病在展叶期就可以发生。发病初期叶部出现针眼大小红褐色至黑褐色的小斑点，周围出现淡黄色的晕圈，随后逐渐蔓延扩大，形成直径1～4mm的近圆形或不规则的病斑，中央灰白色，稍凹陷，边缘暗褐色或紫褐色。发病后期病斑中部的叶肉干枯破裂，叶片自中间呈星芒状破裂。

(3) 果实　在幼果上产生的病斑被害，呈现褐色至黑褐色针尖大小的圆点，病粒会萎蔫变黑，乃至干枯脱落(图3-25)。果粒在黄豆大小时，发病处常龟裂，果实出现畸形。在青色大果粒上，病斑圆形，直径3～8mm，边缘紫褐色至紫红色，中央灰白色，稍凹陷。有时病斑可连接成大斑，表面硬化。发病后期病斑上出现乳白色的黏质物，是病菌的分生孢子团。

◎ 图3-25　葡萄黑痘病

3. 病原

葡萄黑痘病病原菌是葡萄痂圆孢

Sphaceloma ampelinum de Bary，属于半知菌黑盘孢目痂圆孢属。

4. 发生特点

黑痘病菌主要以菌丝体潜伏于病蔓、病叶、病果以及植株上的叶痕等部位越冬，在病蔓的溃疡处，是病菌的重要越冬场所。菌丝体的生命力很强，在病组织中可存活3～5年。

翌春发芽后在温湿度适合的条件下，产生分生孢子，借风雨传播。侵入寄主后，菌丝在寄主表皮下蔓延，后形成分生孢子盘，产生大量的分生孢子，进行多次重复侵染。

温湿度是影响病害发生的主要环境条件。分生孢子在2～32℃可以萌发，病菌潜育期3～10天，随温度升高，其潜育期缩短。病害发生最适温度为20～28℃，在温度为28～34℃、相对湿度92%以上病斑扩展快，病菌借风雨滋长，病斑表现也只有经过水分湿润才能形成分生孢子，所以雨水多的年份病害重。

葡萄黑痘病在干旱少雨地区发病轻，枝蔓老化，果粒着色后抗病力增强，少侵染；果园地势低洼，排水透气不良，肥力不足或氮肥过多，以及管理不善，均可诱发黑痘病，尤其是冬季不清园或清园不彻底，留存大量病枝残体的园地，翌年发病更严重。

5. 防治措施

(1) 清除病原 ①结合冬剪彻底将病枝叶及地表残枝落叶、病果集中带出园外深埋或烧毁。②早春葡萄出土后萌芽前，将老蔓的翘皮仔细揭除，并用3～5波美度的石硫合剂对植株、架材和地面进行一次全面喷施，以铲除菌源。③生长季节随时摘除病梢、病叶和病果，集中销毁，然后用化学药剂防治。④新建园对外来的苗木或插条严格检查，有病的淘汰、烧毁，无病的用3波美度的石硫合剂或300倍多菌灵进行消毒，然后定植。

(2) 农业措施 ①加强管理。及时绑缚、摘心、处理副梢和中耕除草，改善通风透光条件，降低空气湿度。要施足优质圈肥，增施磷、钾、钙肥及微肥控制氮肥用量，合理负载，保持树势健壮。②果实套袋。果穗及时套袋，隔离病菌，进行幼果保护，也是防治黑痘病，生产无公害果品的一项重要措施。③科学施肥。增施腐熟的有机肥，保证树体营养全面，健壮生长。注意氮的用量，防止贪青旺长。

(3) 化学防治 ①在埋土前用5波美度的石硫合剂或3波美度石硫合剂混合五氯酚钠500倍液，喷施1遍。②发芽期喷石硫合剂，铲除越冬病原菌，连地面一起喷。③花期展叶开始用50%多菌灵1000倍液喷雾。开花前和落花后各喷一次80%大生M-45800倍液，或喷施多菌灵和甲基托布津。谢花后幼嫩子房裸露，极易感染，迅速喷一次200倍等量式波尔多液。④幼果期着果后喷一次波尔多液200倍液，继而喷施一次80%大生M-45800倍液加助杀1000倍液。以后每隔12～15天喷一次等量式波尔多液200倍液，即可控制该病蔓延。⑤采收后立即喷波尔多液200倍液，以后每隔半月于基叶正反面全面喷布一次，直至10月底。

（二）枸杞黑果病

1. 寄主、分布与危害

枸杞黑果病的寄主植物有中宁枸杞等多种枸杞。枸杞黑果病危害枸杞的青果、花、蕾，也危害枸杞嫩枝和叶片，造成枸杞果减产，甚至枸杞果不能食用和入药。

2. 症状

枸杞青果感病后，开始在果面上出现小黑点、黑斑、黑色网状纹。遇潮湿或阴雨天气，青果上的病斑迅速扩大，整个果实变黑，并从黑斑上长出橘红色分生孢子堆。干燥条件下青果上的病斑发展较慢，病斑变黑，青果上的未发病部位仍可变为红色。枸杞花感病后，开始在花瓣上出现黑斑，轻者花冠脱落后仍能结出枸杞果实，重者花瓣变成黑色花瓣，花的子房干瘪，不能结出枸杞果实。花蕾感病后，出现小黑点或黑斑，严重时变为黑色花蕾，不能开放出花朵。嫩枝和叶片感病后出现小黑点或黑斑。

3. 病原

枸杞黑果病病原菌有性世代是隶属于真菌界子囊菌门球壳菌目小丛壳属的围小丛壳菌 *Glomerella cingulata* (stoncm) Spauld : Shrenk。无性世代是隶属于真菌门半知菌腔孢纲黑盘孢目刺盘孢属的墨色刺盘孢*Colletotrichum atramentarium*（Berk.:Br.) Taub.。

分生孢子无色，长椭圆形，长径7.8～17.2μm，短径4.1～4.9μm。菌丝体灰白色。分生孢子梗棒状，无刚毛。

分生孢子在8～33℃的水滴中可萌发，在28℃条件下经6小时萌发率可达94.1%。分生孢子萌发后产生芽管，在寄主表面先形成附着器，然后侵入寄主组织内。

4. 发生特点

病原菌在病果内越冬，也能以分生孢子在黑色病果表面上越冬。病原菌借助风雨从病果、病花、病枝叶上传送到健康的果实、花、蕾、枝叶上，传染寄主组织内发病危害。气温、相对湿度和降水是发病的主要条件。5～6月，月平均气温17℃以上，相对湿度60%左右，每旬有2～3天降雨，枸杞田间开始发病。7～9月，日平均气温17.8～28.5℃，旬降雨4天，连续两旬平均相对湿度在80%以上，枸杞田间发病率猛增，是发病盛期。10月至初霜期，旬平均气温9.2～14.6℃，枸杞田间只要有1天以上阴雨天气，病害仍会发生较重。枸杞自5月上旬的初果期至10月中旬的末果期，均可受到该病的侵染。

5. 防治措施

(1) 营林防治 冬季清理枸杞园，把落在地上的病果、病叶、病枝清理干净，并结合修剪把剪下的枝条一同烧毁。

(2) 化学防治 树体生长季节，发病期每隔15天喷1次药，杀灭病原菌。可选用50%退菌特可湿性粉剂600倍液，或等量式波尔多液100倍液。鲜果晒干时，喷洒10%（碳酸氢钠液），杀灭鲜果上的病菌，又能促进果实红色鲜艳，还可防止果实发霉变质。

（三）细菌性穿孔病

1. 寄主、分布与危害

细菌性穿孔病寄主有桃、杏、李、樱桃、梅等多种核果类果树。主要危害寄主树木的叶片，也危害果实和枝条，导致叶片枯死落叶，枝条干枯、果实腐烂变质。

2. 症状

叶片受害初期出现水渍状小点，逐渐扩大为圆形或不规则形斑点。斑点颜色为紫褐色至褐色。斑点直径约2mm，周围有水渍状黄绿色晕环。晕环边缘有裂纹。斑点最后脱落，叶片出现穿孔，穿孔的边缘不整齐(图3-26)。

枝条受害有两种病斑：一种为春季溃疡斑，发生在前一年夏季已被侵染发病的枝条上，病斑暗褐色小疱疹状，直径约2mm，以后扩展可达1～10cm，宽度不超过枝条直径的一半。另一种为夏季溃疡斑，夏末在当年嫩枝上发生，病斑圆形水渍状，暗褐色，稍有凹陷，遇潮湿病斑上溢出黄白色黏液。

果实受害后，果面上发生圆形、暗紫色、中央凹陷的病斑，病斑边缘水渍状，遇潮湿病斑上出现黄白色黏质物，干燥后常发生小裂纹。

3. 病原

病原为细菌，黄单胞杆菌属的甘蓝黑腐黄单胞菌致病型。*Xanthomonas campestris pv. Pruni* (Smith) Dye。

◎ 图3-26　细菌性穿孔病危害状

4. 发生特点

病原菌在枝条皮层组织内越冬。翌年春寄主果树开花前后，病原菌从感病皮层组织中溢出，随风雨或昆虫传播，经叶片气孔、枝条的芽痕和果实的皮孔侵入寄主体内。病原菌在寄主体内潜伏期7～14天。枝条溃疡斑内的细菌可存活1年以上。春季溃疡斑是该病的主要初侵染源。夏季气温高，湿度小，溃疡斑易干燥，外围的健康组织易愈合，所以溃疡斑中的病原菌在干燥条件下经10～13天即死亡。气温19～28℃，相对湿度70～90%利于发病。该病一般于5月出现，7～8月发病严重。该病的发生与气候、树势、管理水平及果树品种有关。湿度适宜，雨水频繁或多雾发病重。遇暴雨病原菌易被冲到地面，不利繁殖和侵染。一般春秋雨季病情扩展较快，夏季干旱月份扩展较慢。树势强比树势弱发病较轻且晚，树势强病害潜育期可达40天。果园地势低、排水不良、通风透光差、偏施氮肥发病重。早熟品种比晚熟品种发病轻。

5. 防治措施

(1) 营林防治　加强果园水肥管理，增施有机肥，避免偏施氮肥。合理修剪，使果树通风透光。果园内核果类果树不混栽，避免相互传播病原菌。结合冬季修剪剪除病枝集中烧毁，减少初传染源。

(2) 化学防治　果树发芽前喷5波美度石硫合剂或45%晶体石硫合剂30倍液，或1:1:100波尔多液、30%绿得保胶悬剂400～500倍液。果树发芽后发病期喷72%农用链霉素可溶性粉剂3000倍液，或硫酸链霉素4000倍液、机油乳剂10:代森锰锌1:水500的混合液、硫酸锌石灰液，配方为硫酸锌1:消石灰4:水240，隔15天喷1次，喷2～3次。既能防治该病，又兼治蚜虫、介壳虫、叶螨等。

第四章　特色林果鼠兔害防治

第一节　鼠 害 防 治

（一）子午沙鼠

1. 寄主、分布与危害

子午沙鼠*Meriones meridianus* (Pallas)主要取食梭梭、柽柳、骆驼蓬等沙生植物根茎、种子。全疆各地荒漠地区均有分布。主要危害植物种子及其营养体，春夏季节主要以荒漠植物的绿色部分为食，秋季盗贮植物种子，严重影响荒漠植物的自然更新。

2. 识别特征

成体体长105～150mm。尾长近于体长。耳短圆，约为后足长的1/2。后足掌被密毛，仅在前端有一小的裸毛区。体背毛浅棕黄色至沙黄色，基部暗灰色，中段沙黄色，毛尖黑色。腹毛纯白色，有些标本的腹毛毛基稍带浅灰色，但毛尖纯白，这是与长爪沙鼠的重要区别之一。尾部背腹面均为沙黄色。尾端毛束，因地区不同其颜色从黄色至黑褐色。爪基部浅褐色，尖部白色。尾毛棕黄色或棕色，有的尾下面稍淡或杂生白毛，尾端具毛束(图4-1)。

子午沙鼠头骨比长爪沙鼠稍宽大。颧宽约为颅全长的3/5。顶间骨宽大，背面明显隆起，后缘有凸起。听泡发达。门齿孔狭长，后缘达臼齿前端的连线。门齿唇面黄色，上门齿有1条纵沟。臼齿咀嚼面平坦，珐琅质被齿沟分隔为菱形（左右对称的三角形）齿环。M^1有3个，M^2有2个，M^3仅为圆柱形的齿环。成体臼齿具齿根，齿冠随年龄增长不断磨损，老体的齿沟已高于齿槽。从齿沟的磨损程度即可判断年龄。

◎ 图4-1　子午沙鼠

3. 发生危害规律与习性

子午沙鼠广泛栖息于各类干旱环境，其典型生境为灌木和半灌木丛生的沙丘和沙地。杂食性。以草本植物、旱生灌木、小灌木的茎叶和果实为主要食物。在农区盗食各种粮食作物，甚至瓜菜类以及树木幼苗。

子午沙鼠的洞系可分为越冬洞、夏季洞和临时洞。夏季洞洞系多位于沙丘边缘或灌丛下，很少建于平地。有2～4个洞口，少数为单一洞口。洞道弯曲多分支，总长度2～3m，深度多为30～40cm，有的分支在接近地表处形成盲端，以备应急之用。窝巢位于最深处的干沙层，距

◎ 图4-2 子午沙鼠危害状

地面40～75cm，垫有草根、软草、兽毛等物。雌鼠在妊娠和哺乳期间出入洞口之后，常将洞口堵塞。越冬洞洞道深，窝巢深达2m以下。临时洞的结构简单，洞道长仅lm左右，无窝巢。子午沙鼠不冬眠，喜在夜间活动，白天极少出洞。在22时至零时为活动高峰。活动范围可达800m。觅食时常远离洞口，在临时洞口停歇进食，仅在交尾期或哺乳期才限于洞系周围取食。随季节的变化有迁移觅食的习性，其迁移距离一般不超过1km。秋季储粮时期，植物种子普遍成熟，食物丰富，其活动范围也相对稳定(图4-2)。

子午沙鼠的年间数量变动幅度较小。各年度的同一季节密度水平大体一致。但季节间数量差异较大。秋季数量约为春季的5～10倍。秋季种群中幼鼠约占80%。荒漠绿洲、低湿沙地及荒漠灌丛中的数量高于黏土荒漠。而这类环境又多被开垦用作农业生产基地，因而这些地区农田害鼠颇为严重。子午沙鼠4月份开始繁殖，繁殖期长，可达7个多月，每年繁殖2～3次，5、6月份为产仔盛期，每胎产3～10仔，平均6仔。幼鼠出生1个月后开始独立生活。

4. 防治措施

(1) 生态防治 农林—荒漠交错地带鼠害常较严重。农田及林网建设要考虑到防治鼠害，如深翻土地，结合冬季灌水破坏其洞系；清除田园杂草，破坏其隐蔽条件，可减轻鼠害。

(2) 生物防治 荒漠林区可采用综合性天敌招引措施开展天敌防治。设立栖架招引猛禽，技术要求如下：栖架高5～6m，基部直径不小于15cm，埋入地下不少于1m；在顶部钉一根直径5～10cm，长60～100cm的横木，采用三角形支撑，间距1km。设立人工巢箱和人工巢招引猛禽繁殖。人工巢的技术要求如下：用钢筋焊一个60cm×60cm×20cm的正方形盘状架子，下面用钢窗构成拦网，再用铁丝将木棍固定编成巢状。周围用较粗的天然枯枝编成篮状，中间用较细的枯枝编织，并垫以细枝、干草和毛发等，巢的外径为90～100cm，内径为30～40cm。人工巢和人工巢箱均应固定在栖架（规格见上，但基部直径不小于20cm）上，间隔2km。

(3) 化学防治 子午沙鼠喜食种子，且爱寻找撒在地上的种子，因此用毒饵法灭鼠效果最好。可采用0.1%敌鼠钠盐毒饵或0.05%溴敌隆毒饵，以小麦、莜麦、大米或玉米(小颗粒)作诱饵，采取条带式投饵技术，条带间距50m，防治效果较好。

（二）根田鼠

1. 寄主、分布与危害

根田鼠*Microtus oeconomus* Pallas取食各种幼树树皮及植物根茎绿色部分。分布在新疆北部地区，包括准噶尔盆地南缘和塔城地区。根田鼠主要危害草原灌木和农田防护林。冬春季节啃食各种林木根基部树皮，形成环剥，造成大面积林木死亡。

2. 识别特征

根田鼠属中体型鼠种，体长79～157mm，尾长25～47mm，超过体长的1/3，但不及1/2。后足长16～19mm。耳廓明显，长8mm左右。四肢短，后肢相对更短，几乎与前肢等长。脚背部有浓密的短毛，脚趾毛较长，毛长盖住趾部。掌部裸露。体背毛色棕褐至黑褐，腹面灰白或淡棕黄色。尾毛双色分明，上面黑褐，下面灰白或淡黄色。

头骨较坚实。颅长24.4～27.4mm，颧宽13.7～14.6mm。眶上脊十分发达，并在眶间中部趋于靠拢，完全成熟动物的眶上脊在眶间中央完全融合，而成为一条隆起很高的矢状脊。第一下臼齿与我国田鼠属中其他鼠种不同，在后齿叶之前有4个封闭的三角形齿环及一个前齿叶，在咀嚼面上共形成6个封闭齿环，此齿的前齿叶外侧突退化，只有1个发达的内侧突，故外侧有3个明显的凸角，内侧有5个凸角。第一上臼齿内外侧各具3个凸角。第二上臼齿咀嚼面具4个封闭齿环，外侧有3个凸角，内侧有2个凸角。第三上臼齿内侧具4个凸角，外侧3个凸角，个别标本于外侧第三个凸角之后，尚可见一微弱的凸角萌芽(图4-3)。

3. 发生危害规律与习性

根田鼠喜欢潮湿并且有茂密植物生长的地区。在新疆多栖息于海拔2000m以下的山地森林草甸草原、山地草原及山前平原地带。其典型生境为上述景观中的杂草丛生的潮湿地段，如溪流和池沼沿岸、灌丛河滩地、泉水溢出地带和沼泽草甸等处。林区的苗圃、绿洲中的灌渠岸边，以及果树林中也多有发现。根田鼠不结大群栖息，掘洞不深，但分支较多，洞道比较简单，洞口多开在草丛中和小灌木的根部。在潮湿的草丛中，根田鼠不筑地下洞，而在草被上营地面巢。

新疆境内的根田鼠每年至少繁殖3窝，每窝产仔5～7只。5～7月为繁殖盛期。

根田鼠夏季取食禾本植物的绿色部分，冬季则在雪被下挖食植物地下根茎，啃食幼树的树皮。根田鼠给林木苗圃和果树幼树常带来极大危害。冬季时在雪下觅食活动，因此幼树雪下部分的外皮多被它啃光，致林木早期枯死(图4-4)。

◎ 图4-3　根田鼠

◎ 图4-4　根田鼠危害状

4. 防治措施

(1) 营林防治　结合树木施肥，适时深翻土地，及时清除林内杂草，破坏害鼠的栖息场所和食物资源；利用冬季和春季灌溉，亦可压低害鼠数量。

(2) 物理防治 越冬前对幼树用树木保护剂防啃剂涂刷或套防鼠网。秋季落雪前，铲除林下杂草后，对主干明显的杏、李、苹果等树木进行捆绑，捆绑前先将树干基部的浮土铲去2～3cm，再根据树干直径的大小裁剪合适宽度的金属网，一般为20～30cm宽，高度根据当地积雪厚度确定，一般为50～60cm高，宽度合适的防鼠网套到树干基部后，在接近地表处再用浮土掩埋一圈并踩实，防止害鼠从底部钻入危害树木。套好的金属网和树皮的距离为1cm，可连续使用5年左右，相对成本较低，防护效果比较理想。

防啃剂涂抹时用带毛羊皮或毛刷涂于被保护部位即可，喷涂高度为50～60cm。入冬时使用残效可持续4～5个月，适用于绿化林带及新造成幼林的保护和各类果树的保护。涂抹必须涂匀，不能留有空白。防啃剂的使用必须同时结合对林地开展清除杂草，秋翻冬灌，以达到最好的防治效果。

(3) 化学防治 危害严重的地区，降雪前可以在苗圃和果园树根附近投毒饵毒杀，选择根田鼠喜食的饵料如胡萝卜，杀鼠剂可以选用溴敌隆。及时投放毒饵，效果比较理想，可以压低其数量基数。

第二节 兔 害 防 治

（一）草兔

1. 寄主、分布与危害

草兔*Lepus capensis* Linnaeus危害各种幼树根基部及植物根茎。全疆各地均有分布。分布于农业区的草兔对农作物和果树等危害较重。小麦、花生和大豆等作物播种后即盗食种子，出芽后则啃食幼苗，甚至连根吃光。冬季对果园危害较重，常把果树树皮啃光。在固沙造林地区冬季啃食树苗，具有很大的破坏作用。

2. 识别特征

草兔体型中等。耳甚长，前折时明显地超过鼻端，且耳尖有窄而明显的黑色。尾长约为后足长的80%，是我国野兔中尾最长者。尾背面中央有一大黑斑，其边缘及尾的腹面毛色纯白(图4-5)。

◎ 图4-5 草兔

冬毛长而蓬松，背部为沙黄色，并有间断而不甚明显的黑色波纹。背部还有一些白色针毛伸出于毛被之外。腹面白色。鼻与额部的毛黑尖较长，所以这个区域毛色较暗。鼻部两侧各有一个圆形浅色区，并向后方延伸经眼周而至耳基部。耳的内侧呈污白色，边缘部分毛长而密，外侧前部的毛色与额部相伺，后部毛色与颈背部相似，尖端有一窄的黑棕色斑。颈部背方毛呈浅棕色。臀部为沙灰色。体侧具黑色毛尖的毛渐少，而具浅棕色毛尖的毛增多。腹部和后腿前部均为白色。颈下方和四肢外侧为浅棕黄色。夏毛毛色较深，呈淡棕色。体侧白色针毛较冬毛少得多。因为草兔分布很广泛，毛色也因地而异，且变化极大，通常北方地区毛色淡，白色针毛多。

3. 发生危害规律与习性

草兔的栖息环境十分广泛，常栖息于草地和农田中，但以山坡和河谷灌木丛中最多。

草兔一般没有固定的洞穴，但雌兔在产仔和哺乳期间有较固定的洞穴，而这些洞穴大多是利用狐、獾等动物的废弃洞。洞口直径30～40cm，有3个洞口，洞道长达10～20m。但草兔自己挖的洞只有1个洞口，长度也只有6m左右，洞口外常有粪便与足迹。粪便较羊粪小，卵圆形。雌兔外出时常用土及杂草掩盖洞口，雌雄兔不同居。

草兔以植物为食。作物种子、地下块茎、青草、树皮和嫩枝等是其食物中的主要成分。偶尔也食树苗和树叶等。喜欢饮水，干旱季节特别是冬季在河边等水源附近常见到草兔的足迹(图4-6)。

◎ 图4-6　草兔危害状

平时白昼卧伏休息，日落开始觅食活动，至次日凌晨停止。夏季白昼亦有时外出活动。一般不结群，单独活动。觅食活动次数与食物多少有关。当冬季食物缺乏时，特别是降雪以后，常常可以在雪地上看到密集而纵横交错的足迹。而食物充足时仅在面积不大的一块地方取食。

草兔的活动常常有固定路线。其活动距离可长达1km左右。平时活动速度较慢，两耳竖立，运动时呈跳跃状。其足迹特点是两前足迹前后交错排列，两后足迹平行对称。

草兔常利用土黄色的保护色逃避危险。往往是人们走到它面前或从其身体上跨过而不逃跑。当猛禽追捕时，则时而迅速奔跑，时而突然停止，迂回曲折，直至逃到隐蔽物下为止。

每年冬末开始交配，初春时产仔。新疆地区一般每年产2～3窝，每窝2～6只幼仔。幼兔出生后1个月左右即可独立生活。哺乳期的母兔，在觅食时常以杂草或土覆盖洞口。有些母兔仅在隐蔽处挖一深约30cm的坑穴产仔，除觅食外，均卧于穴内哺育幼兔。

草兔没有长距离迁移现象，但可随环境变化进行短距离迁移。靠近山区农田中的草兔，由于春季耕作活动频繁，大多数逃向山区，进入夏季后又返回农田。

猛禽中的苍鹰*Accipiter gentilis*、兽类中的狐*Vulpes vulpes*和狼*Canis lupus*以及鼬科动物等善于捕食该兔。

4. 防治措施

(1) 物理防治　由于草兔属于毛皮动物，是一种珍贵资源，因而防治工作应结合狩猎进行。通常用活套、踩夹、张网等方法捕捉。活套可用22号铁丝制成，直径约15cm左右，置于洞口或经常出没的道路上，活套距地面约18cm左右，当兔的头部进入活套后，便极力挣扎，促使活套收紧而把兔勒死。踩夹也应置于洞口或其通道上，但要进行伪装。

(2) 化学防治　在危害严重而劳动力不足的情况下，亦可应用毒饵灭兔。时机宜选择在入冬降雪前，诱饵选用土豆或胡萝卜，杀鼠剂可以选用溴敌隆或C型肉毒梭菌毒素。

（二）塔里木兔

1. 寄主、分布与危害

塔里木兔*Lepus yarkandensis* Günther危害各种幼树根基部及植物根茎，是塔里木盆地特有种，为荒漠平原的典型栖息者。栖息于盆地中各种不同的荒漠生境和绿洲，其中以叶尔羌河、和田河和塔里木河沿岸的胡杨林内、红柳沙丘及旱生矮芦苇砂地栖息数量最多。塔里木兔一般分布在海拔2000m以下，在帕米尔可以达到3000m，在此高程以上则为草兔所取代。在农作物区，幼树、青苗及瓜类常遭受其害。取食林木幼苗和嫩枝、叶，冬季和初春啃食林木树皮，咬断幼树。植物生长旺季无固定觅食路线，冬季和初春觅食路线比较明显。在林带危害比较严重，且常表现为线形分布，严重时可导致林木成片死亡。

2. 形态特征

为我国兔科中体型较小的兔种，体长350～430mm。耳朵相对较长，其长92～106mm，平均100mm，约为体长的25.4%，为后足长的98%，为颅全长的116.8%，耳前折时明显超过鼻端。

全身被毛短而直，色浅淡。体背毛沙褐色，杂以灰黑色细纹；移向体侧，毛色渐次浅、淡，呈沙黄色，灰黑色细纹渐趋消失，及至体躯的腹面则毛色全白。头部从鼻至头顶之毛色与体背相同，颊部浅淡，眼周围及耳前方白色或黄白色，颌下及颈下毛色纯白。胸部有一块土黄色横条斑，将颈下与腹部之纯白毛隔开。耳背面内侧毛色亦与体背相同，只是偏外侧方略浅淡些，耳壳前缘具白色长毛栉；后缘毛栉较短，呈淡黄色。尾之背面中央为灰褐或淡黄褐色条斑，两侧及尾腹面白色或污白色。冬季毛色较夏季略浅淡。体背之深色纹理不明显(图4-7、图4-8)。

◎ 图4-7　塔里木兔

头骨较小，成体颅全长83.4～88.4mm。鼻骨略短小，两侧下斜较陡，其后缘与眶上突起相距较远。眶上突起窄而短小，轻度上翘。成体之顶间骨与上枕骨完全愈合。眶上突起后部之眶间较宽，其宽度大于或等于鼻骨之中部宽度。听泡在我国兔类中最大，其长平均14.2mm，占颅全长的16.6%；听泡宽平均10.0mm，占后头宽的29.1%；两听泡内侧之间最短距离平均10.4mm。前上门齿较宽，平均3.3mm，其唇面之纵沟较深，而且其中有白垩质填充。翼内窝的宽度略大于腭桥长。

◎ 图4-8　塔里木兔觅食状

3. 发生危害规律与习性

塔里木兔活动敏捷，听觉和嗅觉灵敏，性机警。除繁殖哺乳期外，没有固定巢穴，多在草、灌丛中潜伏。昼夜活动，以晨昏时分活动最为频繁。以多种灌木、半灌木的外皮和细枝条为食。在芦苇生长良好地段，则主要取食芦苇的嫩茎。

塔里木兔1年内至少繁殖两窝，第一次繁殖在5月初，第二次在8月中旬左右，每窝仔兔多为3～5只。常在灌木丛下修筑浅窟为巢(图4-9)。

4. 防治措施

(1) 合理狩猎 狩猎期应在冬季和早春，因其越冬期间肉质佳，毛皮质量好。压低兔种群数量基数，可减轻当年及来年的兔害。可用活套、弓形夹、张网等方法捕捉。活套用22号铁丝制成，直径约15cm，置于野兔经常出没的道路上，活套距地面18 cm左右，当兔的头部进入活套后，便极力挣扎，促使活套收紧而把兔勒死。

◎ 图4-9 塔里木兔危害状

(2) 生态控制 堆土预防：结合冬季防寒，在上冻前培土堆，高达第一主枝以下，可预防野兔对果树的危害。障碍防治法：可以结合果园周围栅篱的设置，种植多刺灌丛，密植后形成天然屏障，必要时还可以用铁丝网加固，达到良好的预防作用。对植株可以采用稻草和其他干草搓成细绳，将地上50cm树干绕严密，形成保护层。

(3) 药物防治 药剂驱避：造林时，将利用驱避剂等拌成的泥浆在冬、春季节涂抹在苗木上，可避免野兔啃食，药效可达一个生长季节。也可在下雪或立春前用生石灰加少量动物油和红矾三氧化二砷加水调匀后，涂抹在树干上预防兔害。毒饵法：利用野兔喜食的饵物如胡萝卜、土豆等拌以杀鼠药物，成堆撒在野兔出没的地方，以毒杀野兔，可兼治鼠类。

第五章　果园常用药剂药械

第一节　农药的基本知识

（一）农药的分类

农药是指用于防治危害农林作物及其产品的病虫、杂草、鼠类等药剂、信息素以及为保障促进农林作物的生长所施用的植物生长调节剂。

根据防治对象可分为杀虫剂、杀菌剂、杀螨剂、杀线虫剂、杀鼠剂、除草剂、脱叶剂、植物生长调节剂、昆虫激素类制剂等。

根据原料来源可分为有机农药、无机农药、植物源农药、矿物源农药、微生物农药、昆虫激素类制剂等。

根据作用方式可分为胃毒剂、触杀剂、熏蒸剂、内吸性杀虫剂、特异性杀虫剂、保护剂、治疗剂、除草剂等。

根据加工剂型可分为粉剂、可湿性粉剂、可溶性粉剂、乳剂、乳油、微乳剂、乳膏、糊剂、胶体剂、熏烟剂、熏蒸剂、烟雾剂、油剂、颗粒剂、微粒剂等。

（二）农药的加工和剂型

工厂生产的农药，未经加工成剂的叫原药，其中固体状态的叫原粉，液体状态的叫原油或原液，原药是不能直接使用的，原药大多不溶于水或微溶于水，不能直接兑水喷雾。原因一方面是原药大多数是蜡质固体或脂溶性液体，分散性能差。另一方面是原药含量高，生产上单位面积用量很少，要想均匀分散到大面积上是很困难的。因此，必须把原药加工成各种制剂，克服原药的缺点，提高农药的分散度，改善理化性状，减少植物发生药害的危险。

1. 粉剂

使用原药加入一定量的惰性粉，如黏土、高岭土、滑石粉等经机械加工为粉末状物，粉粒直径在100μm以下。粉剂不易被水湿润，不能兑水喷雾用，一般高浓度的粉剂用于拌种、制作毒饵或土壤处理，低浓度的粉剂用作喷粉。

2. 可湿性粉剂

在原药中加入一定量的湿润剂和填充剂，经机械加工制成的粉末状物，粉粒直径在70μm以下，它不同于粉剂的是加入了一定量的湿润剂，如皂角、拉开粉等。可湿性粉剂可兑水或悬浮液喷洒使用。因为它分散性能差，浓度高，易产生药害，价格也比粉剂高。

3. 乳油

原药加入一定量的乳化剂和溶剂制成的透明状液体。乳油适于对水或悬浮液喷雾使用，用乳油防治害虫的效果比同种药剂的其他剂型好，残效期长。因此，乳油是目前生产上应用最广的一种剂型。

4. 颗粒剂

原药加入载体（黏土、煤渣、玉米芯等）制成的颗粒状物。粒径一般在250~600μm，如3%辛硫磷颗粒剂，主要用于土壤处理。

5. 烟雾剂

原药加入燃料、氧化剂、消燃剂、引芯制成。点燃后燃烧均匀，成烟率高，无明火，原药受热气化，再遇冷凝结成飘浮的微粒附着在虫体、寄主、病斑等处，起到杀虫、防病、治病作用，常用于防治森林病虫害。

6. 超低容量制剂

原药加入油质溶剂、助剂制成。专门供超低容量喷雾，使用时不用兑水而直接喷雾，单位面积用量少、工效高，适于缺水地区。

7. 可溶性粉剂

由水溶性固体农药制成的粉末状物。可兑水使用，成本低，但不宜久存，不易附着于植物表面。

8. 片剂

原药加入填料制成的片状物。如磷化铝片剂。

9. 其他剂型

熏蒸剂、缓释剂、胶悬剂、毒笔、毒绳、毒纸环、毒签、胶囊剂等。

随着农药加工技术的不断进步，各种新的制剂被陆续开发利用，如微乳剂、固体乳油、悬浮乳剂、可流动粉剂、漂浮颗粒剂、微胶囊剂、泡腾片剂等。

（三）农药的稀释

目前，我国在生产上常用的药剂浓度表示法有倍数法、百分浓度（%）和摩尔浓度法。

1. 倍数法

是指药剂中稀释剂水或填料的用量为原药剂用量的多少倍，或者是药剂稀释多少倍的表示法。生产商往往忽略农药和水的比重差异，即把农药的比重看做1，通常有内比法和外比法两种配法。用于稀释100倍（含100倍）以下时用内比法，即稀释时要扣除原药剂所占的1份。如稀释10倍液，即用原药剂1份加水9份，用于稀释100倍以上时用外比法，计算稀释量时不扣除原药剂所占的1份，如稀释1000倍液，即可用原药剂1份加水1000份。

2. 百分浓度（%）

是指100份药剂中含有多少份药剂的有效成分。百分浓度又分为重量百分浓度和容量百分浓度。固体与固体之间或固体与液体之间，常用重量百分浓度，液体与液体之间常用容量百分浓度。

（四）农药的稀释计算

1. 按有效成分的计算

原药剂浓度×原药剂重量=稀释药剂浓度×稀释药剂重量

求稀释剂重量计算，100倍以下时的计算方法：

稀释剂重量=原药剂重量×（原药剂浓度－稀释药剂浓度）/稀释药剂浓度

例：将40%的福美胂可湿性粉剂10kg，配成2%稀释液，需加水多少？

解：10kg×（40%－2%）/2%=190kg

100倍以上时的计算方法：

稀释剂重量=原药剂重量×原药剂浓度/稀释药剂浓度

例：要配制0.5%氧化乐果药液1000mL，求40%氧化乐果乳油用量。

解：1000mL ×0.5%/40%=12.5mL

2. 根据稀释倍数的计算方法，此法不考虑药剂的有效成分含量

100倍以下时的计算方法：

稀释药剂重量=原药剂重量×稀释倍数－原药剂重量。

例：用40%氧化乐果乳油10mL加水稀释成50倍药液，求稀释液重量。

解：10mL×50－10mL=490mL

100倍以上时的计算方法：

稀释药剂重量=原药剂重量×稀释倍数

例：用80%敌敌畏乳油10mL加水稀释成1500倍药液，求稀释液重量。

解：10mL×1500=15 000mL

（五）农药对环境的污染

农药流失到环境中，将会造成严重的环境污染，有时甚至造成极其危险的后果。

1. 污染大气、水环境，造成土壤污染和板结

流失到环境中的农药通过蒸发、蒸腾，飘到大气之中，飘动的农药又被空气中的尘埃吸附住，并随风扩散，造成大气环境的污染。大气中的农药，又通过降雨，从而造成水环境的污染，对人、畜，特别是对水生生物造成危害。流失到土壤中的农药，也会造成土壤污染及土壤板结。

2. 增强病菌、害虫对农药的抗药性

长时间使用同一种农药，最终会增强病菌、害虫的抗药性。以后对同种病菌、害虫的防治必须不断加大农药的药量及使用次数，不然达不到理想的防治效果，以致形成恶性循环。

3. 杀伤有益生物及害虫天敌

绝大多数农药是无选择地杀伤各种生物，其中包括有益生物，如青蛙、蜜蜂、鸟类和蚯蚓，以及大量的天敌昆虫等。这些益虫、益鸟的减少或灭绝，会导致害虫数量的增加，形成害虫的再猖獗现象，而影响农林业生产。

4. 野生生物和畜禽中毒

野生生物及畜禽吃了沾有农药的食物，会造成它们急性或慢性中毒。最主要的是农药会影响生物的生殖能力，如很多鸟类和家禽由于受到农药的影响，产蛋的重量减轻和蛋壳变薄，容易破碎。许多野生生物的灭绝与农药的污染有直接关系。

（六）农药的毒力、药效及毒性

化学防治方法是以药剂对生物体的毒力作用为基础的，应用什么药剂来防治哪种有害生物，首要因素是药剂对这些生物体毒性的大小。因此，毒剂是极少量就能对生物体生理机能造成严重破坏或致死的化学物质。具体来说，一般是每克体重4mg以下的药量能导致昆虫个体发生严重病变或死亡的化学物质称为毒剂。

1. 毒力和毒效

毒力是指药剂在一定条件下对某种生物毒害作用的大小，是指室内的实验结果；药效是指药剂在各种因素影响下对有害生物防治效果的好坏，是田间实际的防治效果。在实际防治工作中，药效研究更具有实际意义。

2. 毒力的表示方法

药剂的毒力常用“致死中量”表示。在一定条件下能杀死供试生物半数（50%）的药剂的重量称为致死中量，用LD_{50}表示。在一定条件下能杀死供试生物半数的药剂浓度称为致死中浓度，用LC_{50}表示。杀菌剂则以ED_{50}和EC_{50}表示，即抑制50%的病原孢子萌发所需要的剂量或浓度。致死中量最能反映药剂毒力的大小，是一个比较精确、稳定、可靠的数值，在农药生产和使用中常常提到。

3. 药效的表示方法

药效的表示方法常用药剂处理有害生物的死亡率来表示。死亡率是供试生物在药剂处理后死亡的百分数。药效测定就是通过有害生物种群对药剂的反应来进行，是针对有害生物种群而不是针对个体，因此，表示药效的常用方法是有害生物种群的平均死亡率。

由于有害生物在自然界状态下也有正常的死亡，所以，药剂处理的种群死亡率必须剔除该生物种群的自然死亡率，即必须对药效进行更正，才能获得比较正确的结论。

4. 毒性及表示方法

中毒农药所需的药量和受试动物的体重有显著关系，体重越大，中毒死亡所需的药量也越大。农药的毒性根据生物经口中毒时的致死中量的大小可分为5个等级：

剧毒：LD_{50}=1～50mg/kg体重；

高毒：LD_{50}=50～100 mg/kg体重；

中毒：LD_{50}=100～500 mg/kg体重；

低毒：LD_{50}=500～5000 mg/kg体重；

微毒：LD_{50}=5000～15 000 mg/kg体重

（七）影响药效的因素

影响农药药效的因素主要有以下3方面。

1. 农药本身的因素

农药的化学成分不同，表现出的毒力也不一样，甚至差异很大；药剂的理化性质如溶解性、湿润性、展着性、覆盖性、持久性、分散性以及药剂的作用机制、使用剂量以及加工性状都直接或间接地影响药效。因此要根据防治对象、作物种类和使用时期，选择合适的农药品种、剂型和使用剂量。

2. 防治对象的因素

不同病虫害的生活习性有差异，即使是同一种病害或害虫，由于所处的发育阶段不同，对不同农药或同类农药的反应也不一样，常表现为防治效果的差异。一般情况下，幼虫和成虫期是害虫对药剂抵抗较弱的时期，因此，在防治工作中，多作为主要防治期；在病害防治中，病原孢子到其萌发芽管侵入寄主前的阶段是其生活史中最薄弱的阶段，易受外界物理、化学和生物因子致死，当病原菌以菌丝状态侵入寄主组织内，其抗药性就大大增强。因此对侵染性病害的防治重点应放在阻止病原菌的侵入上。

3. 环境因素

温度、湿度、雨水、光照、风、土壤性质等环境因素，直接影响着病虫害的生理活动和农药性能的发挥，都会影响农药的药效。例如，除草剂乙草胺、氟乐灵、拉索、都尔同样的使用剂量，干旱时除草效果差，在适宜的土壤湿度条件下，除草效果高；沙土上使用，效果显著高于在有机质含量高的田地内使用。辛硫磷见光易分解失效，在土壤中施用最好。因此，在使用农药前，必须掌握它的性能特点、防治对象的生物学特性；在施用过程中，充分利用一切有利因素，控制不利因素，以求达到最佳防治效果。

（八）农药使用原则

1. 正确选择农药

目前，市场上的农药品种繁多，农药质量参差不齐，防治对象也有很大差异，因此，一定要根据所要防治的对象选择农药，做到对症用药，避免盲目用药。

2. 合理配置农药

农药的配置虽然不难，却经常由于粗心或操作不当出现一些问题，应引起重视。一要准确称量药量和兑水量；二要先兑成母液再进行稀释；三要注意人员及环境安全。

3. 掌握农药使用适期，节约用药

任何一种病、虫、草害，都有它的防治适期，要根据具体情况确定，不能盲目用药，用药过早或过晚都不能达到理想的效果，只有正确选择防治适期才能达到最理想的效果。不同的病、虫、草害防治适期一般情况可根据当地农业、林业部门的预测预报来确定。

4. 严格按农药施用技术需求科学施药

科学的施药技术是防治效果的保障，只有严格按照操作规程使用农药，才能达到理想的防治效果。一要选择适宜的器械，如喷药时要选择雾化效果好的喷头；喷除草剂最好选用扇型喷头。二要看天气施药，刮大风、下雨天不能喷药；下雨前不能喷药；有露水不能喷药；高温烈日下不能喷药。有的人认为气温越高，农药的杀虫效果会越好，其实不然。夏季在高温强光时喷药，绝大部分害虫停止在作物表层活动，躲于阴凉背光处，药剂不易喷施到位。而且在高温下农药挥发损失大，药性分解快，因此，此时喷药药效反而降低。在高温下，药剂挥发性强，药物通过呼吸、皮肤气孔进入人体内，很容易导致操作人员中毒。要尽量选择晴天无风条件下作业，一般上午8～10点露水干后，下午5～7点日落前后，选择害虫活动旺盛时间喷药。三要根据不同的防治对象采取相应的施药技术。如：防治病害时，由于病菌一般在作物叶片的背面，施药时一定要将叶片背面喷施均匀；蚜虫类一般发生在嫩梢上；叶螨类多在果树的内膛老叶片背面，喷药就要求具有针对性。四要注意作物安全，避免产生药害。

5. 注意农药安全间隔期

为了保证农产品质量安全，在农药使用中必须注意农药的安全间隔期，即最后一次施药至作物收获时所要间隔的天数，也就是收获前禁止使用农药的日期。在安全间隔期前施药，才能保证农药残留量不超标，才能保证林果产品的质量安全。不同的农药有不同的安全间隔期，使用时应按农药标签规定执行。

6. 加强安全防护

农药是有毒品，在使用过程中时刻注意对自身的安全防护，防止引起人员中毒。要穿戴必要的防护服、口罩等防护用具，小心操作，防止原药溢流或溢出瓶外，更不能将原药贱到身上或手上与皮肤接触。每天施药操作时间不要超过6小时。施药期间禁止吸烟、进食和饮水；施药时，要站在上风向，实行作物隔行施药；施药后及时更换服装，清洗身体。如发现中毒症状，应立即停止工作，请医生诊治。妇女在经期、孕期、哺乳期不要从事喷药工作。

7. 做好废瓶、废液处理

农药废瓶要经专业回收或深埋。配置过有毒农药的器具，要用10%碱水浸泡24小时以上，再用清水冲洗干净后，单独保存。施药后，剩余的药液及洗刷喷雾器用的废水应妥善处理，不能随意乱倒，要注意对环境的保护。

第二节　果园常用药剂

目前新疆林果有害生物发生严重，药剂防治所占比重较大，而化学农药对环境、天敌、果品等具有一定的不良影响。使用无公害和绿色环保农药可避免污染环境和伤害有益生物和天敌，减少对环境的污染。以下介绍几种常见的无公害药剂。

（一）矿物源农药

矿物源农药是指来源于天然矿物原料的无机化合物和石油的农药。

1. 石硫合剂

石硫合剂是以硫磺粉、生石灰为原料加水熬制而成的，原液为红褐色液体，有效成分为多硫化钙。具有硫化氢气味，有强碱性和腐蚀性，可溶于水，原液加水稀释喷洒到植物体表面后，一部分水解，生成很细的硫磺粉颗粒，多硫化钙也易被空气中的氧气、二氧化碳分解，产生硫黄细粉粒，并释放出少量硫化氢，发挥杀虫、杀菌作用。石硫合剂属中等毒性，对人的眼睛、鼻黏膜、皮肤有刺激和腐蚀作用。有些果树对石硫合剂较敏感，在生长季节使用，一般浓度不应超过0.3波美度。

(1) 熬制方法和使用浓度　取硫磺粉2份、生石灰1份、水10份。先将生石灰用少量水化开，调成糊状，再加入硫磺粉，搅拌均匀，然后加入其余的水，在锅内用大火煮40分钟到1小时，熬煮到药液成深枣红色时停火。熬煮时要不断搅拌，并用热水补足蒸腾时散失的水分。石硫合剂的配制质量，以所含多硫化钙的量为标准，通常用波美度表示，熬制比较好的石硫合剂在15.5℃时，不小于31波美度和不大于33波美度，多硫化钙含量不得少于29%。

(2) 使用方法 石硫合剂有杀菌、杀虫、杀螨作用。果树休眠期喷洒石硫合剂3～5波美度液，果树开花前后喷洒0.1～0.3波美度液，可以防治白粉病等多种病害、介壳虫等各种害虫和多种叶螨。

(3) 注意事项 ①石硫合剂原液应贮存在陶瓷容器中，表面滴些植物油，以隔绝空气，防止变质。②石硫合剂为强碱性，不能与忌碱性农药混用，也不能与含铜药剂混用。③果树易受药害，受红蜘蛛严重危害后，若喷洒石硫合剂，可能会造成全树落叶。因此，在遭受刺吸式口器害虫严重危害的果树上喷洒石硫合剂，应特别小心。④与波尔多液交替使用时，应注意间隔时间，要间隔30天后才能喷洒。间隔期过短易出现药害。

喷雾器械用后及时清洗，以免受腐蚀。

2. 晶体石硫合剂

晶体石硫合剂是在液体石硫合剂基础上经化学加工而成的固体制剂，质量稳定，易于包装运输，使用方便。剂型为以四硫化钙计算含多硫化钙45%，浓度相当于54波美度。

(1) 理化性质及作用特点 为黄褐色晶体，低毒，易溶于水，强碱性，加水稀释后为橙色至樱桃红色，易分解，有硫化氢气味。晶体硫合剂既是杀菌剂又是杀虫、杀螨剂。对病菌具有铲除作用，对作物具有保护作用，对螨类有触杀作用。

(2) 使用方法 防治对象同石硫合剂，果树发芽前全树喷洒用21～30倍液。

(3) 注意事项 ①包装袋一旦开口，应尽量一次用完，否则应加热封严袋口，以防氧化影响。②用30℃以下冷水稀释药剂，热水能促进氧化，影响药效，配好的药液不能存放，一次喷药用完。③不能与铜制剂、油乳剂、酸性肥料及在碱性溶液中不稳定的农药混用。与波尔多液交替使用时，应注意安全间隔期。

3. 波尔多液

波尔多液是由硫酸铜和石灰乳配成的天蓝色液体。有效成分为碱式硫酸铜，基本不溶于水，而是以极细小颗粒悬浮在药液中。药液呈碱性。药剂对人畜基本无毒。药液喷洒到植物表面后，能黏附形成一层保护膜，不易被雨水冲刷掉，其有效成分碱式硫酸铜能逐渐释放出铜离子杀菌，起到防治病害作用。波尔多液是一种良好的保护性杀菌剂，对病菌不易产生抗药性，持效期较长，一般可达2周以上。

(1) 配制方法 果树上常用的波尔多液浓度为硫酸铜1kg、生石灰2～2.5kg、水200～240L。配制时，可将全量水的一半溶化硫酸铜，配成硫酸铜液，将另一半水化开生石灰，配成石灰乳，然后将硫酸铜液和石灰乳液同时缓缓注入另一容器中，边兑边搅拌。也可将全水量的1～2成配成石灰乳。另外8～9成水配成硫酸铜液，然后将稀硫酸铜液缓缓倒入石灰乳中，边倒边搅拌。采用这两种办法配制成的波尔多液质量均较好。生产上常常在药箱或水桶中先配成波尔多原液。然后再加够水。这种方法配制成的波尔多液防治效果较差，往往还容易出现药害。

(2) 使用方法 波尔多液在果树上常用于防治黑星病、轮纹病、黑斑病、锈病、褐斑病、干枯病等多种真菌病害。其中防治黑星病、轮纹病一年用药次数较多，可在幼果期用有机杀菌剂，在生长的中后期与有机杀菌剂交替使用。常用的浓度为1:(2～2.5):(200～300)倍液。为了防止雨水冲刷，增加药剂黏着性和持效期，最好在配好的药液中加0.1%～0.2%的“6501”粘着剂或大豆汁，也可加0.03%～0.05%的皮胶。

(3) 注意事项 ①配制药液时，应该将硫酸铜和生石灰用水充分化开，将稀硫酸铜往浓石灰乳中倒入，切勿相反。②现配现用，不能存放。不能用铁质容器化硫酸铜，可用塑料或陶瓷容器。喷雾器用过后要及时用清水洗净，以免受腐蚀。③果期尽量不用波尔多液，如必须应用，需降低使用浓度，否则可能会造成果实皮孔增大，果面粗糙，出现轻微药害。④避免在阴雨天或露水未干前施药，以免发生药害。喷药后如遇大雨，须补喷。⑤不能与石硫合剂、矿物油乳剂混用，也不能与遇弱碱性即分解的有机农药及与钙，铜离子起化学反应的农药如代森类杀菌剂、硫菌灵等混用。喷过石硫合剂的果树，7~10天后才能施用波尔多液；喷过矿物油乳剂的，1个月后才能使用波尔多液。

（二）生物源农药

生物源农药是指利用生物资源开发的农药。

1. 1%苦参碱液剂

主要活性成分为生物碱，其中参碱杀虫活性最大并具有极强的抑菌功能。低毒，对人畜安全。防治对象为鳞翅目幼虫，稀释800～1200倍，通常情况下避光贮存。

2. 1.2%苦烟乳油

是以烟叶、苦参等中草药为主要原料研制而成的植物源杀虫剂，对害虫具有强烈的触杀、胃毒和一定的熏蒸作用。该药特点高效、低毒、低残留、低污染、残效期长、对害虫不易产生抗药性，杀虫谱广。防治对象：鳞翅目害虫，加水稀释1000倍喷雾。

注意事项：①使用时将原药瓶药液摇匀，喷洒时要均匀周到；②不可与碱性农药、碱性物质混用；③安全间隔期为7天；④对人眼有轻微刺激，应做好个人防护。

3. 0.32%印楝素乳油

为广谱、低毒植物源杀虫剂，具有拒食、忌避、触杀、胃毒、内吸和抑制昆虫生长发育作用，特点为高效、选择性好，对非靶标生物安全，对人、畜低毒、无公害 。该药主要作用于昆虫神经肽，阻止表皮几丁质形成。不影响胆碱酯酶活性，因此对人及其他高等动物安全。防治对象为食叶类害虫，药液稀释1000～2000倍。

注意事项：①本药不可与碱性农药混用；②本品在幼虫期使用，阴天或日落前施药效果最佳；③本药应在干燥、阴凉、避光处；④安全施药间隔期为5天。

4. 浏阳霉素

是一种大环内酯类抗生素杀螨剂，剂型为含有效成分5%、10%的乳油。为触杀性杀虫剂，对螨类具有特效，主要是毒杀活动态螨，杀卵效力差，以触杀活性最强，无内吸作用，属低毒农药，对害螨不易产生抗药性，并可防治有害性害螨。使用浓度为10%乳油1000倍。

注意事项：①对紫外光不稳定，在阳光下曝晒易分解；②可与任何杀虫、杀菌剂混用，与波尔多液等碱性农药混用时，要随用随配；③制剂要求贮放在室温、干燥、避光处保存。

5. 1.8%阿维菌素乳油

抗生素类生物杀虫、杀螨剂，高效、低毒、无公害生物农药，杀虫机理是通过抑制害虫运动神经元与肌肉纤维间的传递介质，使害虫在几小时内迅速麻醉、拒食、缓动或不动，且在2～4日后死亡。主要以触杀、胃毒作用为主。能有效的防治鞘翅目、鳞翅目、植食性螨类等害虫，属高效、低毒、无公害生物农药，在常用剂量范围内，对人、畜、天敌安全，稀释3000～6000倍进行喷雾。

注意事项：①本药在强光下易分解，在傍晚时使用；②本药与其他农药混用不影响药效，无交叉抗药性；③对蜜蜂有毒，花期勿用；④最后一次用药距收获期20天。

6. 森得保可湿性粉剂

药品为纯生物制剂，是抗生素类杀虫剂，杀虫谱广，有很好的渗透性，有阻断害虫运动神经信息功能，可使害虫在数小时内迅速麻痹、拒食、缓慢或不动，24小时后开始死亡。对天敌、人、畜、动物、植物都很安全，在空气中分解，对环境无污染，是目前代替高毒农药的首选产品之一。防治对象为鳞翅目低龄幼虫，稀释1500～2000倍进行喷雾。

注意事项：①配液时先加少量水搅成糊状，再按稀释倍数加足水量，搅匀喷雾，喷雾要均匀；②药品不可与碱性物质、杀菌剂混用；③蜜蜂、蚕对该药敏感，严禁在桑园附近使用；④贮藏在阴凉、干燥、避光及儿童 接触不到之处，远离食物、饮料及水源；⑤如药液不慎溅入眼睛或误服，立即送医院处理。

7. 4000IU/mg苏云金杆菌原药

细菌性胃毒杀虫剂，其产品的毒素能破坏害虫肠道进入血淋巴，使害虫饥饿和败血症而死，该药对人、畜无毒，对作物和天敌安全，高效、低毒、无残留。防治对象为直翅目、鞘翅目、膜翅目、鳞翅目的多种害虫，稀释1000～1500倍喷雾。

注意事项：不能和杀菌剂混用，对人、畜无毒。

8. 500亿孢子/g球孢白僵菌母药

属真菌杀虫剂，其孢子通过昆虫皮肤侵入其体内生长菌丝并不断的繁殖，使害虫新陈代谢紊乱而死亡，不产生抗药性。对人、畜无毒，对作物和天敌安全，高效低毒无残留。防治对象为直翅目、鞘翅目、膜翅目，鳞翅目幼虫2、3龄时期，加水稀释1500～2000倍喷雾。

注意事项：不能在养蚕区使用，不能与杀菌剂混用，对人、畜无毒。

（三）特异性生化农药

1. 25%灭幼脲Ⅲ号悬浮剂

属昆虫激素类农药，主要通过抑制昆虫体内几丁质合成，导致昆虫幼虫不能蜕皮而死亡，使各龄幼虫死于蜕皮障碍并且能抑制害虫卵的胚胎发育。作用方式以胃毒为主，本药具有耐雨水冲刷，持效期长，对益虫安全等特点，属无公害农药。

注意事项：①不宜在幼虫老龄期施药，在幼龄期施药效果最佳；②使用前摇匀，以免影响药效；药液不要与碱性物接触，以免分解。

（四）植物生长调节剂

植物生长调节剂(plant growth regulator)是指人工合成(或从微生物中提取)的，由外部施用于植物，可以调节植物生长发育的非营养的化学物质，具有相似生理和生物学效应。微量使用这类物质，就能对植物的生长发育起到促进或抑制的作用，达到控制植物生长发育的目的，但用量过大会对植物造成伤害。

植物生长调节剂大致可分为生长素、赤霉素、细胞分裂素、脱落酸、乙烯和生长延缓剂六类。

植物生长调节剂作用：①作用面广，应用领域多。植物生长调节剂可适用于几乎包含了种植业中的所有高等和低等植物，如大田作物、蔬菜、果树、花卉、林木、海带、紫菜、食用菌等，并通过调控植物的光合、呼吸、物质吸收与运转、信号传导、气孔开闭、渗透调节、蒸腾等生理过程的调节而控制植物的生长和发育，改善植物与环境的互作关系，增强作物的抗逆能力，提高作物的产量，改进农产品品质，使作物农艺性状表达按人们所需求的方向发展。②用量小、速度快、效益高、残毒低。③可对植物的外部性状与内部生理过程进行双调控。④针对性强，专业性强。可解决一些其他手段难以解决的问题，如形成无籽果实、减轻风害、控制株型、促进插条生根、果实成熟和着色、抑制腋芽生长、促进棉叶脱落。

植物生长调节剂的使用效果受多种因素的影响，而难以达到最佳。气候条件、施药时间、用药量、施药方法、施药部位以及作物本身的吸收、运转、整合和代谢等都将影响到其作用效果。

植物生长调节剂的种类很多，但根据其来源、作用方式、应用效果等大体分为以下几类：

1. 生长素类

生长素类是农业上应用最早的生长调节剂。最早应用的是吲哚丙酸(IPA)和吲哚丁酸(IBA)，它们和吲哚乙酸(IAA)一样都具有吲哚环，只是侧链的长度不同。以后又发现没有吲哚环而具有萘环的化合物，如α-萘乙酸(NAA)以及具有苯环的化合物，如2，4-二氯苯氧乙酸(2，4-D)也都有与吲哚乙酸相似的生理活性。另外，萘氧乙酸(NOA)、2，4，5-三氯苯氧乙酸(2，4，5-T)、4-碘苯氧乙酸(商品名增产灵)等及其衍生物(包括盐、酯、酰胺，如萘乙酸钠、2，4-D丁酯、萘乙酰胺等)都有生理效应。目前生产上应用最多的是IBA、NAA、2，4-D，它们不溶于水，易溶解于醇类、酮类、醚类等有机溶剂。生长素类的主要生理作用为促进植物器官生长、防止器官脱落、促进坐果、诱导花芽分化。在林果上主要用于插枝生根、防止落花落果、促进结实、控制性别分化、改变枝条角度、促进菠萝开花等。

2. 赤霉素类

赤霉素种类很多，已发现有121种，都是以赤霉烷(gibberellane)为骨架的衍生物。商品赤霉素主要是通过大规模培养遗传上不同的赤霉菌的无性世代而获得的，其产品有赤霉酸(GA3)及GA4和GA7的混合物。还有些化合物不具有赤霉素的基本结构，但也具有赤霉素的生理活性，如长孺孢醇、贝壳杉酸等。目前市场供应的多为GA3，又称920，难溶于水，易溶于醇类、丙酮、冰醋酸等有机溶剂，在低温和酸性条件下较稳定，遇碱中和而失效，所以配制使用时应加以注意。赤霉素类主要的生理作用是促进细胞伸长、防止离层形成、解除休眠、打破块茎和鳞茎等器官的休眠，也可以诱导开花、增加某些植物座果和单性结实、增加雄花分化比例等。

3. 细胞分裂素类

细胞分裂素类是以促进细胞分裂为主的一类植物生长调节剂，都为腺嘌呤的衍生物。常见的人工合成的细胞分裂素有：激动素(KT)、6-苄基腺嘌呤(BA．6-BA)和四氢吡喃苄基腺嘌呤(又称多氯苯甲酸，简称PBA)等。有的化学物质虽然不具有腺嘌呤结构，但也具有细胞分裂素的生理作用，如二苯基脲。在园艺生产上应用最广的是激动素和6-苄基腺嘌呤，使用时先用少量酒精溶解，再用清水稀释。激动素在酸液中易受破坏，配制时应加入少量的碱。细胞分类素类主要的生理作用是促进细胞分裂、诱导芽分化、促进侧芽发育、消除顶端优势、抑制器官衰老、增加坐果和改善果实品质等。

4. 乙烯类

乙烯因在常温下呈气态不便使用，常用的为各种乙烯发生剂，它们被植物吸收后，能在植物体内释放出乙烯。乙烯发生剂有乙烯利(CEPA)、Alsol、CGA-15281、ACC、环己亚胺等，生产上应用最多的是乙烯利。乙烯利是一种强酸性物质，对皮肤、金属容器有腐蚀作用，特别是遇碱时会产生易燃气体，因此使用时要特别注意安全。乙烯利在生产上的主要作用是催熟果实、促进开花和雌花分化、促进脱落、促进次生物质分泌等。乙烯抑制剂，如氨基乙氧基乙烯基甘氨酸(AVG)、氨基氧乙酸(AOA)、硫代硫酸银(STS)、硝酸银(银硝)等，在生产上用于抑制乙烯的产生或作用，减少果实脱落，抑制果实后熟，延长果实和切花保鲜寿命等。

5. 生长抑制剂和生长延缓剂

生长抑制剂是抑制植物顶端分生组织生长的生长调节剂，可使细胞的分裂减慢、伸长和分化受到抑制，但能促进侧枝的分化和生长，破坏顶端优势，增加侧枝数目，使植株形态发生很大变化。有些生长抑制剂还能使叶片变小，生殖器官发育受到影响。外施生长素等可以逆转这种抑制效应。常见的生长抑制剂有三碘苯甲酸(TIBA)、整形素(morphactin)、青鲜素(MH)等。

生长延缓剂是抑制植物亚顶端分生组织生长的生长调节剂，使植物的节间缩短，株形紧凑，植株矮小，但不影响顶端分生组织的生长、叶片的发育和数目及花的发育。亚顶端分生组织细胞的伸长主要是赤霉素在此起作用，所以外施赤霉素可以逆转这种效应。常见的生长延缓剂有矮壮素(CCC)、助壮素(Pix)、多效唑(PP333)、烯效唑(S-3307)、比久(B9)等。

6. 其他类生长调节剂

有一些新发现和新合成的植物生长调节剂具有与上述调节剂不同的作用方式或机理，由于对其性质尚未完全弄清，暂归为一类。如玉米赤霉烯酮、寡糖素、三十烷醇等。

（五）除草剂

除草剂是指用以消灭或控制杂草生长的农药。

农田化学除草的开端可以追溯到19世纪末期，在防治欧洲葡萄霜霉病时，偶尔发现波尔多液能伤害一些十字花科杂草而不伤害禾谷类作物；法国、德国、美国同时发现硫酸和硫酸铜等的除草作用，并用于小麦等除草。有机化学除草剂时期始于1932年选择性除草剂二硝酚的发现。20世纪40年代2，4-D的出现，大大促进了有机除草剂工业的迅速发展。1971年合成的草甘膦，具有杀草谱广、对环境无污染的特点，是有机磷除草剂的重大突破。加之多种新剂型和新技术的出现，使除草效果大为提高。1980年时世界除草剂已占农药总销售额的41%，超过杀虫剂而跃居第一位。之后，世界除草剂发展渐趋平稳，主要发展高效、低毒、广谱、低用量的品种，对环境污染小的一次性处理剂逐渐成为主流。

1. 除草剂的分类

除草剂可按作用方式、施药部位、化合物来源等方面分类。

(1) 根据作用方式分类

选择性除草剂：除草剂对不同种类的苗木，抗性程度也不同，此药剂可以杀死杂草，而对苗木无害。如盖草能、氟乐灵、扑草净、西玛津、果尔等。

灭生性除草剂：除草剂对所有植物都有毒性，只要接触绿色部分，不分苗木和杂草，都会受害或被杀死。主要在播种前、播种后出苗前、苗圃主副道上使用。如草甘膦等。

(2) 根据除草剂在植物体内的移动情况分类

触杀型除草剂：药剂与杂草接触时，只杀死与药剂接触的部分，起到局部的杀伤作用，植物体内不能传导。只能杀死杂草的地上部分，对杂草的地下部分或有地下茎的多年生深根性杂草，则效果较差。如除草醚、百草枯等。

内吸传导型除草剂：药剂被根系或叶片、芽鞘或茎部吸收后，传导到植物体内，使植物死亡。如草甘膦、扑草净等。

内吸传导、触杀综合型除草剂：具有内吸传导、触杀型双重功能，如杀草胺等。

(3) 根据化学结构分类

无机化合物除草剂：由天然矿物原料组成，不含有碳素的化合物，如氯酸钾、硫酸铜等。

有机化合物除草剂：主要由苯、醇、脂肪酸、有机胺等有机化合物合成。如醚类—果尔、均三氮苯类—扑草净、取代脲类—除草剂一号、苯氧乙酸类—2甲4氯、吡啶类—盖草能、二硝基苯胺类—氟乐灵、酰胺类—拉索、有机磷类—草甘膦、酚类—五氯酚钠等。

(4) 根据使用方法分类

茎叶处理剂：将除草剂溶液兑水，以细小的雾滴均匀的喷洒在植株上，这种喷洒法使用的除草剂叫茎叶处理剂。如盖草能、草甘膦等。

土壤处理剂：将除草剂均匀地喷洒到土壤上形在一定厚度的药层，当杂草种子的幼芽、幼苗及其根系被接触吸收而起到杀草作用，具有这种作用的除草剂叫土壤处理剂。如西玛津、扑草净、氟乐灵等，可采用喷雾法、浇洒法、毒土法施用。

茎叶、土壤处理剂：可作茎叶处理，也可作土壤处理。如阿特拉津等。

2. 果园常用除草剂种类及性能

(1) 杂草萌芽前使用的常见除草剂 封闭型除草剂在杂草萌芽以前，喷施在地面后借助土壤水分分布于土壤表面，形成约1cm厚的药膜。杂草种子萌发时接触药膜致死。在土壤中有一定持效期，一般在30～60天，个别品种持效期在6个月以上或更长。在黏土中易形成稳定的药膜，在沙土、沙壤土中难以形成稳定药膜，不建议使用。对已经长出的杂草几乎没有效果。

圃草封：杂环类除草剂。在杂草种子萌发过程中，幼芽茎和根吸收药剂后而起作用。双子叶植物吸收部位为下胚轴，单子叶植物吸收部位为幼芽。杀草种类多，除多种禾本科杂草及阔叶草外，适用绝大多数木本植物。残效期长（长达60～90天），适用范围广，苗木芽前芽后一个月和幼林大苗均可使用。对莎草科杂草无效。和乙氧氟草醚配合使用效果卓越。使用方法主要有喷雾法和毒土法。

萘丙酰草胺（敌草胺、草萘胺、大惠利）：酰胺类选择性苗前土壤处理除草剂，敌草胺能降低杂草组织的呼吸作用，抑制细胞分裂和蛋白质合成，使根生长受抑制，心叶卷曲最后死亡。可杀死多种萌芽期阔叶及禾本科杂草。禾本科杂草主要是芽鞘吸收，阔叶杂草通过幼芽及幼根吸收。

氟乐灵（茄科宁、特福力、氟特力）：是选择性芽前土壤处理剂，主要通过杂草的胚芽鞘与胚轴吸收，易挥发，易光解。水溶性极小，不易在土层中移动。对已出土杂草无效，对禾本科和部分小粒种子的阔叶杂草有效。持效期长，既有触杀作用，又有内吸作用。是选择性播前或播后出苗前土壤处理除草剂，可用于园林苗圃除草。在苗木生育期用药，需洗苗后再覆土，能防除1年生禾本科杂草及种子繁殖的多年生杂草和某些阔叶杂草。对苍耳、香附子、狗牙根防除效果较差或无效；对出土成株杂草无效。一般在杂草出土前作土壤处理，均匀喷雾，并随即交叉耙地，将药剂混拌在3~5cm深的土层中。在旱季还要镇压，以防药剂挥发、光解，降低药效。对杉木种子发芽无抑制作用，而且发芽率高于对照区。持效期较长，是土壤处理较理想的除草剂。

甲草胺（拉索、草不绿、杂草锁）：低毒选择性芽前除草剂，可被植物幼芽吸收向上传导。苗后主要被根吸收向上传导。防除多数1年生禾本科杂草及某些双子叶杂草，如稗草、马唐、狗尾草、碱茅、硬草、鸭跖草、菟丝子等杂草。芽前施药。

乙氧氟草醚（果尔、惠尔、杀草狂、割地草）：果尔可防除苗圃中的多种1年生窄阔叶杂草，对多年生杂草有抑制作用。其主要优点是杀草谱广，对苗木安全。与其他除草剂混用可收到事半功倍的效果。通过干扰植物的呼吸作用，抑制ATP的生成，使植物生长营养吸收物质运输所需要的能量缺乏而死亡。是选择性触杀型土壤处理除草剂，可与盖草能、草甘磷混合使用，毒性极低，无残留，无污染，杀草种类多，对多种阔叶草效果较好，适用于针叶树和带壳出土的植物。残效期长（60～90天），适用范围广，苗木芽前、芽后1个月和幼林大苗均可使用。弱点是对禾本科杂草防除效果差。使用方法主要有喷雾法和毒土法。

丁草胺（灭草特、去草胺）：为酰胺类选择性内吸传导除草剂，主要通过杂草的幼芽吸收，而后传导全株而起作用。芽前和苗期均可使用。植物吸收丁草胺后，在体内抑制和破坏蛋白酶，影响蛋白质的形成，抑制杂草幼芽和幼根正常生长发育，从而使杂草死亡。在黏壤土及有机质含量较高的土壤上使用，药剂可被土壤胶体吸收，不易被淋溶。特效期可达1～2个月。杂草出土前使用可防除稗草、马唐草、狗尾草、牛毛草、鸭舌草、节节草、异型沙草等一年生禾本科杂草和某些双子叶杂草。主要杀除单子叶杂草，对大部分阔叶杂草无效或药效不大。

除草醚：为醚类选择性触杀型除草剂，易被土壤吸附，向下移动和向四周扩散的能力很小，在黑暗条件下无毒力，见阳光才产生毒力。温度高时效果大，气温在20℃以下时，药效较差，用药量要适当增大；在20℃以上时，随着气温升高，应适当减少用药量。除草醚可除治1年生杂草，对多年生杂草只能抑制，不能致死。毒杀部位是芽，不是根。对1年生杂草的种子、胚芽、幼苗均有很好的杀灭效果，可防除稗草、马齿苋、马唐草、三棱草、灰灰菜、野苋蓼、碱草、牛毛草、鸭舌草、节节草、狗尾草等。

乙草胺（禾耐斯MON-099等）：内吸性酰胺类除草剂，是选择性芽前除草剂。可被植物幼芽吸收，单子叶植物通过芽鞘吸收，双子叶植物下胚轴吸收传导。必须在杂草出土前施药，有效成分在植物体内干扰核酸代谢及蛋白质合成，使幼芽幼根停止生长，如果田间水分适宜，幼芽未出土即被杀死，如果土壤水分少，杂草出土后，随土壤湿度增大杂草吸收药剂后而起作用，禾本科杂草至叶卷曲萎缩，其他叶皱缩，整株枯死。对马唐等禾本科杂草活性高，反枝苋敏感，对藜、马齿苋、龙葵等双子叶杂草有一定防效并抑制生长，活性比禾本科杂草低，对大豆菟丝子有良好防效。残效期30～50天，施药后10～20天才开始出现防效。

草枯醚：高效、低毒残留的除草剂，具有适应性强，杀草谱广，药效稳定，残效期长及使用安全等特点，可防除多种禾本科杂草，对鱼类安全。

异丙甲草胺（杜尔、杜耳、都尔）：酸胺类选择性芽前除草剂可防除稗马唐、狗尾草、画眉草等1年生杂草及马齿苋、苋藜等阔叶性杂草。

扑草净：内吸选择性除草剂，可经根和叶吸收并传导，对刚萌发的杂草防效最好，杀草谱广，可防除1年生禾本科杂草及阔叶杂草。杂草芽前或1年生杂草大量萌发初期，即1～2叶期时施药防效好。

(2) 杂草萌芽后使用的常见除草剂 灭生性除草剂、选择性除草剂在杂草出芽以后使用，对未长出杂草基本无效（只有个别除草剂品种例外）。在杂草旺盛生长期，将对应除草剂按照推荐用量和兑水量均匀喷施于杂草叶片，通过触杀或叶片吸收传导，导致杂草光合作用和呼吸作用停止，破坏杂草生理过程中必需的生物酶等作用，导致杂草死亡。

常见灭生性除草剂：

草甘膦（商品名有农达、春多多、农民乐、达利农等）：为内吸传导型广谱灭生性除草剂，作茎叶处理，土壤处理无效。适用于苗圃、步道及园林大树下喷洒。其特点为杀草谱广，能杀死40多个科百余种杂草，防除效果最佳的是窄叶杂草(如禾本科、莎草科)、豆科、百合科、茶科、樟科等一些叶面蜡质层厚的植物。抗药性较强，对杂竹、芒萁骨防除效果极差。防除林地白茅、五节芒、大芒、菜蕨效果好，能斩草除根。价格低，经济效益显著，无环境污染，对土壤里潜藏种子和土壤微生物无影响。要定向喷在杂草上，否则易产生药害，不适宜在小苗苗床喷洒。可混合性强，能与盖草能、果尔等土壤处理除草剂混用。除灭草外，还能预防杂草危害。缺点是单用入土后对未萌发杂草无预防作用。常见剂型有水剂、可溶性粉剂等。

草胺膦（草丁膦）：为内吸传导型广谱灭生性除草剂。作茎叶处理，土壤处理无效。用于果园、葡萄园、非耕地除草，防除森林和高山牧场的悬钩子和蕨类植物。

百草枯（克无踪、对草快、龙卷风）：为速效触杀型广谱灭生性除草剂。作茎叶处理，土壤处理无效。能杀死大部分禾本科和阔叶杂草，只对绿色组织起作用。见效快，施药半小时就能被杂草吸收，半小时后下雨不受影响。只能杀死地上部分，不能杀死地下部分，几天后新草又长出。

选择性除草剂：

环嗪酮：选择性内吸传导性广谱高效林地除草剂，属三氮苯类。具有芽前、芽后除草活性。可杀草，也能抑制种子萌发。用药量少，杀草谱广，持效期长，用药1次，可保持1～2年内基本无草。植物根叶都能吸收，主要通过木质部传导。对针叶树（松柏树等）根部没有伤害，是优良的林用除草剂。药效进程较慢，杂草需要1个月，灌木需要2个月，乔木需要3～10个月。对人畜低毒。适用于常绿针叶林，如红松、樟子松、云杉、马尾松等幼林。可防除大部分单子叶和双子叶杂草及木本植物黄花忍冬、珍珠梅、榛子、柳叶锈线菊、刺五加、山杨、木桦、椴、水曲柳、黄波罗、核桃楸等。

圃草净：适用于多种木本及移栽苗圃，草花类及木本扦插苗圃禁用。对金森女贞毒害大。防除绝大多数5叶以下（杂草株高约在10cm以下）的禾本科杂草、阔叶杂草及莎草科杂草。5叶以上杂草效果差。木质化杂草无效。作定向喷雾茎叶处理。对杂草叶片进行均匀喷雾。尽量不要喷到苗木幼嫩叶片上。用药后24小时内杂草停止生长，7～10天内杂草开始变黄枯萎，10～15天死亡。圃草净A瓶用于防除多种禾本科杂草，防除狗牙根、茅草时每亩需增加1倍用药量；圃草净B瓶用于防除5叶以下的多种阔叶杂草、莎草科杂草。防除禾本科杂草、阔叶杂草及莎草科杂草，将A瓶、B瓶结合使用。尽量不要喷到苗木叶片上。喷到幼嫩叶片上后会有短期叶片发黄或短期停止生长现象，追肥浇水后15天内恢复正常生长。如发黄严重，可以喷施赤霉素（920）或芸苔素内酯、速生根掺加尿素50g/喷壶解毒，7天1次，连续2次。

另据报道，日本发明了一种水溶性颗粒剂型的广谱性除草剂BGX816，以5kg/hm^{2}的浓度在大田、果园、种植园和稻田中使用，用药后3天可以杀死1年生杂草达18种，对于多年生阔叶杂草每公顷使用6kg即可杀死，并可明显地抑制杂草的再生，没有发现对农作物有什么不良反应。

专门防除园林苗圃中禾本科杂草的除草剂：

该类常见除草剂有大杀禾、高效吡氟氯草灵（高效盖草能）、烯草酮（收乐通，赛乐特）、拿捕净、精奎禾灵（精禾草克）、吡氟禾草灵（稳杀得、精稳杀得、氟草除）、精噁唑禾草灵（威霸、骠马）、喹禾糠酯（喷特）等。只对禾本科杂草有效，对绝大多数木本植物高度安全。对阔叶杂草及莎草科杂草无效。防除狗牙根、铺地黍、芦苇、白茅（碱茅）、大叶油草（地毯草）、双穗雀稗（水扒根）等多年生恶性杂草需增加用药量。

综合防除园林苗圃中多种杂草的除草混剂：

春盖果混剂：是春多多、盖草能、果尔3种除草剂按一定比例混合的混合剂，一般每亩用春多多370mL、果尔56mL、盖草能39mL，混合后加水50kg定向喷雾防治。既发挥了3种除草剂各自的优越性，又克服了各自的弱点。小苗木不能用，适用于大苗苗圃和幼林，作定向喷雾（不要喷到苗木和幼林茎叶上）与休闲地除草。主要特点：①在杂草旺盛期喷药，起到茎叶土壤双重处理作用，特别适合在大苗苗圃幼林和圃地道路休闲地除草，达到除草防草双重作用；②对禾本科阔叶杂草莎草科杂草都能防除；③杀草率特高，特别是对恶性草防效好。

盖果混剂：是盖草能、果尔两种除草剂混剂。一般每亩用果尔56mL，盖草能39mL，混合后加水50kg喷雾防治。适用大小苗木的苗圃地中使用（但小苗需1个月后使用）。可防除禾本科莎草科阔叶等多种杂草。主要特点：可在杂草萌发初期使用，以土壤处理防草为主，以茎叶处理除草为辅，适合在换床苗圃使用；对禾本科阔叶杂草都能防除；定向喷雾对苗木安全。

克乙丁混剂：适用于幼林地、大苗地和休闲地。可同时进行茎叶土壤处理，可防除旱地、水田、一年生或多年生禾本科、莎草科和阔叶等多种杂草。既能杀草又防草。一般每亩用克无踪235mL、乙草胺75mL、丁草胺150mL混合后加水45kg喷雾防治。

克无踪600倍＋阔锄（乙羧氟草醚+精奎禾灵）1500倍：几乎能防治所有常见杂草，杂草长到10cm以前，除治效果达100%杂草15cm以上时，喷克无踪600倍＋阔锄1500倍＋草甘膦300倍混合剂除草效果最理想。

圃果混剂：这是目前效果最为理想越的播后苗前及杂草芽前使用的除草混剂。圃草封+果尔，几乎可以防除绝大多数的禾本科杂草、阔叶杂草及莎草科杂草。

第三节　果园常用药械

（一）车载高射程喷雾机

车载高射程喷雾机同类喷药器械有多个不同种型号，只在功率、装药量、射程等方面存在差异，现以6HW-50车载高射程喷雾机为例，介绍该类器械。

1. 器械特点

配备单缸风冷柴油发电机系统、喷雾系统、风送系统、供药系统、全自动/手动控制系统；

射程远，穿透性好，可超低量、低量、常量喷雾。

操作方便，可手动、全自动遥控操作（包括遥控启动、功能控制等操作）。

液力和气力共同雾化的两相流雾化喷头，附件喷头可实现超低量、低量、常量喷雾，用药省、药剂利用率高、污染小、防治成本低。

劳动强度低、工作效率高（每小时可防治6.67hm^2以上）。

风送，靶标性好，雾滴漂移少。

工作时喷筒可固定和摆动，实现定向和上下宽幅施药功能（喷筒可自动上下摆动，水平和旋转360°）。

发电机有专门的发电输出接口，闲暇时可做发电机供电使用。

台湾物理牌三缸柱塞泵，台湾西川优质输药高压管。

2. 主要性能

净重量：400kg

药箱容积：400L

射程：垂直20～25m，水平38～45m（静风情况下）

车辆行驶速度：建议车载喷雾机为5～10km/小时

3. 注意事项

发电机在运行时，禁止向油箱内添加燃油。

发电机使用时应置于离建筑物及其他设备1m远处。并禁止宠物和儿童以及易燃物靠近。

柴油机在运转中或停机后未完全冷却时，请勿触摸消声器及机体，以免被散发出的高温烫伤。

柴油机排放出来的废气中含有害气体一氧化碳，故发电机应放置通风良好的地方使用。

发电机要有良好的接地，并禁止用潮湿的手去接触电机组，以免引起触电事故和短路。

电瓶液含有硫酸，电瓶会产生易爆的氧气，在充电时要有良好的通风，严禁火苗靠近，防止烧伤人体。

机组和电瓶连接在充电时，不要试图使用电瓶；电机的温度若超过45℃时应停止充电。

喷雾机工作时，机器在1m范围内，不要有人和其他物体。人不要站在靠近风筒的地方和出风口，造成不必要的损害。

禁止在高压线下喷药。

（二）背负式喷雾喷粉机

背负式喷雾喷粉机同类喷药器械有多个不同种型号，只在功率、装药量、射程等方面存在差异，现以6HWF-20背负式喷雾喷粉机为例，介绍该类器械。

1. 器械特点

功率大（5马力），装药量14L，净重14kg，喷雾垂直高度≥18m，喷粉射程≥25m，启动性好；汽油机自带冷却风扇，冷却效果好；喷洒（撒）作业。

2. 喷雾作业操作

整机应处于喷雾作业状态。

加药液：加药液之前，用清水试喷1次，检查各处有无渗漏；加液不可过急过满；药液必须无沙石草屑等杂质，以免堵塞喷嘴。加药液后药箱必须旋紧，以免漏液或泄压；加液可以不停机，但发动机要处于低速运转状态。

喷洒：机器背起后，调整油门开关使发动机转速约在6200～6500转/分钟，打开药液开关，即可进行喷液作业，转动喷头上的旋钮开关，可改变喷量的大小，以满足喷洒的不同要求。顺时针调整旋钮，喷量变小；逆时针调整旋钮，喷量变大。

3. 喷粉作业操作

整机处于喷粉状态。

添加粉剂。粉剂应干燥，且无杂物。此时大门操纵杆应放在最低位置。

加粉剂后，旋紧药箱盖。

背上机器后，调整汽油机转速约6500转/分钟，调整粉门操纵杆进行喷撒。

变换摇臂上3个孔以及粉门操纵杆的位置，可进行喷量选择。

4. 注意事项

操作前务必仔细阅读器械说明书。

作业时按要求穿戴服装、戴有凸缘的帽子、戴防尘或防护眼镜、戴防尘口罩、穿防农药穿透的外套、使用长手套、穿深筒鞋。

下列人员不得进行喷洒（撒）作业：

精神病患者、醉酒的人、未成年人或者老年人、无操作知识的人、劳累过度、有病、正在吃药等其他原因不能正常操作的人，刚进行过剧烈活动没有休息好、睡眠不足的人，经期、哺乳期、妊娠期妇女也不要从事这项工作。

严禁烟火：因使用的燃油是汽油，因此不要在机器旁点火或吸烟。

添加燃油必须停机，待机体冷却后，在周围没有火源的地方进行。

加油时不得将油溢出，如油溢出应仔细擦干净。加完油后，应将油箱盖旋紧，把机器搬到另一位置启动。

5. 起动

喷粉起动时粉门操纵杆应放在最低位置，否则起动时药液就从喷口喷出。

加燃油：器械动力系统是单缸二冲程汽油机，燃料为汽油和机油的混合物，容积比按机油的使用说明而定。汽油为90#或90#以上，机油为二冲程汽油机专用机油（不得用其他牌号代替）。随机配有加油瓶，按瓶上刻度配制混合油且充分搅拌均匀后注入油箱。浓度混合比率为25:1～30:1（容积比），新机器机油比率可稍大，但不要超过20:1。

打开供油阀：手柄在下方呈垂直位置表示"开"，转过90度为"关"，转动时不要用力过猛。

6. 喷洒（撒）作业

喷洒（撒）药剂最好在早上和下午凉爽无风的天气下进行，这样可减少农药的挥发和漂移，提高防治效果。

作业人员选择逆风而行或者垂直于风向前进。

若不慎将农药溅入嘴里或者眼内，应立即就近用干净水冲洗，严重者请医生治疗。

喷洒（撒）作业时，如有头痛、眩晕等感觉时，应立即停止作业，并请医生治疗。

为确保人身安全，请严格按照有关技术要求进行施药，严禁使用不允许喷洒（撒）作业的各种剧毒农药。

在处理农药时，应当遵守农药生产厂提供的安全指示。

禁止使用强酸、强碱等特殊作业液。

作业完毕后，先将药液或粉门开关关闭。

使汽油机低速运转3～5分钟后，按停火开关停机，随后关闭燃油开关。

（三）高压动力喷雾机

高压动力喷雾机的同类喷药器械有多个不同种型号，只在功率、装药量、射程等方面存在差异，现以6HWF-20背负式喷雾喷粉机为例，介绍该类器械

1. 器械特点

6HWF-20型担架机动喷雾机由B-36型三缸柱塞泵及汽油机等配套组成。

结构紧凑，重量轻，压力高，流量大，体积小、使用方便。

喷幅宽广，射程可达18～20m，避免人、机进入森林和田间作业。

可就地吸水，自动混药。

主要喷洒部件为长杆三喷头，喷幅宽，效率高。

使用的燃油为汽油与机油容积混合。

2. 喷洒作业

加药液：加药液之前，用清水试喷一次，检查各处有无渗漏；加液时不可过急过满，要确保药液经过药箱内的过滤网，以防异物进入药箱内，避免机械故障或者堵塞喷嘴；加药液后药箱必须旋紧，避免漏液；加液可以不停机，但发动机要处于怠速运转状态。

压力调整：发动机转速在3600～4000转/分钟时，调整柱塞泵的出水压力，出厂时，已经调整到合适位置。如若调整，可调节调压螺母，直至调到合适压力。

喷洒：调整油门开关，使发动机转速约在3600转/分钟左右，打开出水开关，即可进行喷

液作业。

3. 注意事项

出水开关开启后，随即用手摆动喷杆，严禁停留在一处喷洒，以防引起药害。

操作者一定要在风向前方，喷杆上仰15°左右，喷洒过程中，左右摇动喷杆，以增加喷幅。前进速度与摆动速度应适当配合，以防漏喷影响作业质量。

在结束操作前，换用清水喷洒，将残余农药排出。

操作过程中每2小时要往黄油杯中注入黄油，然后拧上黄油杯盖旋两三圈。

（四）诱虫杀虫灯

诱虫杀虫灯的同类喷药器械有多个不同种型号，只在功率、耗电量等方面有差异，现以以MC-2003D杀虫灯为例，介绍该类杀虫灯

1. 器械特点

高效能，真正采用高频振荡电击高压网，低电耗、高效能，虫子死亡率高。

采用竖式不锈钢高压网，易落虫，易清理虫体，久用不锈。

采用光控雨控装置，抽斗式接虫袋。自动化程度高，免去开灯、关灯、接虫袋丢失等缺陷。

太阳能式“带红外处理器，不用毒瓶”，控制面积：0.33～1hm^2。

2. 注意事项

使用蓄电池，在冬季闲置不用时，蓄电池应每隔30～45天充电1次，以免蓄电池损坏。

（五）林木注药取样器

1. 主要技术性能指标

电源：18V镍鉻电池组块；充电电源：220V；充电时间：约1小时；连续运转时间：约2小时；夹头：φ0.8～10mm。

该类产品采用可充直流电源，配有国内首创的林木专用系列钻头，操作安全，对树木伤害小，适用范围广。适用于林间、野外和高空作业如高大林木、古树名木、风景园林植物等的打孔注药。

2. 操作要点

将电钻刹车键处于居中状态，紧紧握住把手然后推压电源锁扣可卸下电池；安装时确认好正负极再插入。

充电：将电池插入充电器再与交流电源连接即可，充电完成后会自动切断电源。

工具安装及使用：将钻头或螺丝头插入钻夹头，逆时针转放松钻头夹，顺时针锁紧夹头，将选择手柄置于L时向逆时针旋转，置于R时从转机后侧看顺时针方向旋转。